KNOWLEDGE ALCHEMY
FOR INDIVIDUALS

A Systematic Approach to Becoming an Expert in a Field

知识炼金术

成为领域专家的系统方法

个人版

邱昭良 著

机械工业出版社
China Machine Press

图书在版编目（CIP）数据

知识炼金术：个人版：成为领域专家的系统方法 / 邱昭良著. -- 北京：机械工业出版社，2022.8（2024.6重印）

ISBN 978-7-111-71008-0

I. ①知… II. ①邱… III. ①知识管理-研究 IV. ①G302

中国版本图书馆CIP数据核字（2022）第103225号

当今时代，要想保持职场竞争力，你需要成为某个领域的专家。事实上，只要具备了一定条件，并掌握了本书中所讲的"知识炼金术"，任何人都能成为领域专家。本书介绍了利用"知识炼金术"把个人炼成领域专家的总体行动框架、必备的核心技能以及五种常用方法，包括复盘、向高手学习、充分利用好培训、从读书中学习，以及基于互联网的学习。本书是广大知识工作者、职场人士、各级管理者提升个人能力、改善个人与组织绩效、实现自我超越与持续精进的必备参考书。

知识炼金术（个人版）：成为领域专家的系统方法

出版发行：	机械工业出版社（北京市西城区百万庄大街22号　邮政编码：100037）
责任编辑：	岳晓月
责任校对：	殷　虹
印　　刷：	北京捷迅佳彩印刷有限公司
版　　次：	2024年6月第1版第3次印刷
开　　本：	147mm×210mm　1/32
印　　张：	9
书　　号：	ISBN 978-7-111-71008-0
定　　价：	79.00元

客服电话：（010）88361066　68326294

版权所有·侵权必究
封底无防伪标均为盗版

PRAISE ｜ 赞　　誉

　　昭良博士是我国组织学习与知识运营领域顶流专家，他很好地整合了自己的成功经验、实践智慧与理论涵养写成本书，为读者成为领域专家提供了系统修炼的"知识炼金术"。

——白长虹，南开大学商学院院长、教授

　　邱昭良博士是一位勤奋的专业探询者和布道者，术业广博精深，为人谦逊敦厚，他的文章和著作总能使读者开卷受益、廓然大公。这本新作凝集了作者多年的研究成果与实战经验，系统地提供了成为领域专家的行动框架、学习方法与技能以及"心法"，值得阅读借鉴。

——常亚红，《培训》杂志副主编

本书创造性地提出了个人知识学习与知识运营的核心环节，并通过对其持续修炼从而成为领域专家的过程。这是数字化时代每个人必备的核心技能。

——陈劲，清华大学经济管理学院教授、

中国管理科学学会副会长

领域专家是职场上具有专、精、特、新知识的顶级人才，愿《知识炼金术》（个人版）助力每个人通过知识管理成为行业中的"专业小巨人和知识大拿"。

——董小英，北京大学光华管理学院教授

想起多年以前邱博士在中国银联培训中心的餐厅里，就着一张餐巾纸给我们介绍他提出的"石-沙-土-林"模型。这本即将出版的新书，凝聚了邱博士这些年来在系统思考和个人学习方面的智慧提炼，对于想成为某个领域专家的个人来说是一份难得的操作指南。

——付伟，中国银联大连分公司总经理

身处信息爆炸时代，人们获得知识的途径越来越多。如何将知识持续转化为完成任务、解决问题的能力？本书结合作者长期研究实践的系统思考、知识管理、复盘等方法，助你高效学会学习，成为领域专家。

——熊俊彬，CSTD中国人才发展平台创始人

ABOUT THE AUTHOR | 作者简介

邱昭良

管理学博士，高级经济师，组织学习、系统思考与知识管理专家，认证项目管理专家（PMP），CKO学习型组织网创始人，北京学而管理咨询有限公司首席顾问。

师从全国人大常委会原副委员长成思危、南开大学商学院原院长李维安教授，是我国较早研究和实践学习型组织与知识管理的专业人士之一，在该领域深耕20余年，并拥有丰富的企业管理实践及咨询、培训经验。

曾任联想控股董事长业务助理、万达学院副院长及三家民企高管，并为中石化、中国航天、中国建材等数百家企业提供学习型组织、系统思考、复盘、知识管理、创新、组织能力提升等方面的咨询与培训服务，拥有数十门原创版权课程。

著有《复盘＋：把经验转化为能力》《如何系统思考》《知识炼金术》《系统思考实践篇》《学习型组织新实践》《学习型组织新思维》《玩转微课》《企业信息化的真谛》，译著包括《系统思考》《系统之美》《U型理论》《欣赏式探询》《情景规划》《创建学习型组织五要素》《学习型组织行动纲领》《创新性绩效支持》《新社会化学习》等，并在国内多家专业报纸杂志上发表相关论文100余篇。

网址：http://www.cko.cn

电子邮件：info@cko.com.cn

PREFACE | 前　　言

你为什么要读这本书

你即将阅读的这本书，是关于个人学习与发展的，试图回答一个也许每个人都会关心的话题：如何从一名新手或"小白"成长为某个领域的专家？

也许你觉得这个话题离你很遥远，但是，就像咱们中国那句老话所说：人无远虑，必有近忧。在当今时代，如果不及早发现自己内心的热望，明确自己的人生使命，提早做好规划，并掌握相应的方法与技术，使自己成为领域专家，你也许现在就会面临重重困惑：我应该选什么专业？应该找什么样的工作？要不要跳槽？应该读什么书？要不要参加某一次培训，或者学习某一门在线课程？……

在我看来，要回答这些无穷无尽的具体问题，都必须回归根本：未来，你希望专注于哪个领域？从事什么工作？真正想要成为一个什么样的人？

的确，在一个复杂多变的世界里，明确的方向（或目的）远比具体的手段或方法对你更有帮助。如果你有明确的人生目标，就不会迷失方向；反之，你将难以抉择，即便做出了选择，也可能会后悔或感到遗憾。

因此，对于"我是否要成为领域专家""我要成为什么样的领域专家"这些问题，如果你还没有打定主意，我建议你通过阅读这本书，尽快做出决断。研究显示，越早找到自己的人生目标，就会越早受益。有趣的是，能否真正实现人生目标并不重要，重要的是实现人生目标的过程。

如果你对上述问题已经有了明确的答案，那么，本书对于你来说，更是必备的宝典！因为它会回答你另外两个至关重要的问题：我能否成为某个领域的专家？我如何才能成为那个领域的专家？

对于这两个问题，我的答案是：只要具备了基本的条件，掌握并应用本书中所讲的"知识炼金术"[一]，任何人都可以成为某个领域的专家！

[一] "知识炼金术"是由邱昭良博士发明的专业术语，也是北京学而管理咨询有限公司持有的注册商标。

我之所以会给出这个答案，不仅有大量的相关研究作为理论基础，也有包括我本人在内的很多领域专家的实践经验作为验证。

事实上，即便你已经是一位领域专家了，要保持竞争力、应对环境的变化、不落伍或被淘汰，也必须持续地应用"知识炼金术"，成为一位终身学习者，这样才是名副其实的专家！

这本书的主要内容是什么

本书的主要内容就是介绍面向个人的"知识炼金术"，以及如何利用知识炼金术来成为领域专家。概括而言，本书内容包括五个方面（共 11 章）。

第一，个人应用"知识炼金术"成为领域专家的行动框架："石 – 沙 – 土 – 林"隐喻（第 1 章），其中包括三次大的阶段性跃迁、需要具备的四项能力，它是一个持续精进的过程。

第二，成为领域专家的第一次跃迁是"碎石为沙"，需要我们转变心智、打开心扉，愿意持续地学习、接纳新信息（第 2 章）。这是持续终身学习的基础，也是成为领域专家的前提条件。本章详细阐述了心智模式的特性、原理，以及如何养成成长型心态、保持开放的心态、启动成功的良性循环，总结了阻碍学习与创新的 12 项心智模式及其对策建议。

第三，在具备了适宜的心态之后，要掌握一些技能和方法，实现第二次跃迁——"固沙培土"，包括：明确自己的热情，找到要耕耘的心田，梳理知识体系，制定发展目标、策略与计划（第 3 章）。并学会学习（第 4 章），掌握适当的方法、工具与诀窍（第 5～9 章）。在本书中，我分析了学习的底层逻辑，梳理出了个人学习的 18 种方法（我将其称为个人学习的"降龙十八掌"），并详细介绍了其中五种常用的学习方法与技能，分别是：

- 复盘：从自身经历中学习（第 5 章）。
- 向高手学习（第 6 章）。
- 充分利用好培训（第 7 章）。
- 从读书中学习（第 8 章）。
- 基于互联网的学习（第 9 章）。

第四，在第二次跃迁之后，就会激发出生态的力量，启动一个持续成长的良性循环，实现第三次跃迁——"积土成林"。要实现此次转变，除了持续学习之外，还要进行知识运营（第 10 章）。本书介绍了知识运营的五个环节以及一系列方法，给出了知识运营的关键要点。

第五，在整个过程中，要实时地防止退化的风险（第 11 章），通过复盘实现六项改进，活出持续精进的状态。

对于这一框架及其包含的方法、工具和技巧，不仅我个人的亲身经历可以印证，也有大量其他专家的案例作为佐证。同时，基于我个人近年来辅导众多企业和经理人的实践经验，我认为你也可以学会这些技术与技能。

应该如何阅读这本书

读书是我们人类学习的基本途径之一，本书第8章就介绍了如何有效地从读书中学习的"五步读书法"。所以，关于本书，你其实可以参考这一方法，看看是否会有更大的收获。

第一，明确目标。想一想你为什么要读本书？你希望通过阅读本书，达到的具体目标是什么？

第二，选对好书。个人学习是一个很复杂的系统性话题，因此，不应该只是读这一本书。毫无疑问，不管本书多么细致、精准，也不可能包罗万象（其实，任何一本书都做不到），因此，要想提升个人学习力，你需要选择一系列相关书目，制订一个阅读计划。本书所涉及的参考文献是你"寻宝"的一个线索，但你需要梳理清楚它们之间的关系，并根据你的实际情况灵活选择。

第三，明确策略。本书定位于为你提供一个行动框架，指导你从一个"小白"成为领域专家，其中涉及很多操作性很强的方法与技能，因此，本书既应作为"主食"进行精读，又应进行系统的主题阅读。为此,你要明确自己的阅读策略。

第四,掌握方法。你可以参考第 8 章中讲到的一些阅读技巧,边学边用。

第五,形成习惯。学习是一个持续的过程,不可能一蹴而就,重在形成习惯。因此,我建议你在阅读完本书之后,进行一个简要复盘(参见第 5 章),分析利弊得失,提炼出经验教训,以帮助你更好地进行后续的学习,并把握要点,形成习惯。

当然,就像我在本书中所分析的那样,阅读仅是学习的一种方法或途径,而学习的目的不只是获取信息,还为了提升能力,改进行为和绩效表现。因此,本书只是你学会学习、炼成领域专家这一历程中的一个支撑。

希望你能从本书中受益。祝阅读愉快!

邱昭良
于北京中关村

CONTENTS｜目　　录

赞誉
作者简介
前言

第 1 章　利用"知识炼金术"把自己炼成领域专家　/ 1
当今时代，你需要成为领域专家　/ 2
学会"知识炼金术"，你可以成为领域专家　/ 6
成为领域专家的历程："石 – 沙 – 土 – 林"隐喻　/ 11

第 2 章　改善心智　/ 17
成为领域专家的第一次跃迁：碎石为沙　/ 18
什么东西在影响你的学习　/ 19
自我实现的预言：启动成长的良性循环　/ 24

持续学习的基础：成长型心态 /34
保持开放的心态 /38
打破阻碍学习的 12 个不当信念 /42

第 3 章　明确目标 /56

成为领域专家的第二次跃迁：固沙培土 /57
不要奢望成为一位通才 /59
找到自己安身立命的领域 /61
梳理领域知识框架 /65
打造个人能力的六部曲 /68
厘清个人使命和愿景 /75
设定科学合理的目标 /83
明确策略，制订具体可行的实施计划 /89

第 4 章　学会学习 /95

你真的会"学习"吗 /96
对个人学习的系统思考 /97
个人学习的关键要素 /99
成人学习的类型 /104
成人学习的 18 种方法 /107
如何选择适合自己的学习方法 /114

第 5 章　复盘：从自身经历中学习 /119

复盘：最有效的个人学习方式 /120
复盘之道：U 型学习法 /121
复盘的一般过程与核心环节 /125

对什么进行复盘 / 127

个人复盘的两类操作手法 / 129

个人复盘的四重局限 / 131

实践误区及对策 / 135

个人复盘的关键成功要素 / 145

第6章　向高手学习 / 149

谁也无法不向他人学习 / 150

向高手学习：有优势也有劣势 / 151

找到真正的专家 / 154

明确目标与策略 / 157

认真观察、深入访谈 / 158

及时复盘、反馈 / 160

建立和维护人脉 / 161

第7章　充分利用好培训 / 163

培训是你不容忽视的宝贵学习机会 / 164

从培训中学习的优劣势 / 165

从培训中学习是一个系统 / 168

如何更好地从培训中学习 / 175

第8章　从读书中学习 / 183

读书：最基本的学习方式之一 / 184

你真的会读书吗 / 186

五步读书法 / 188

精读之道：从读书中学习的本质 / 199

第 9 章 基于互联网的学习 / 203

谁也无法忽略互联网学习 / 204
互联网学习更符合新世代人群的学习特性 / 205
互联网学习形式多样 / 209
互联网学习的优劣势 / 212
如何对待互联网学习 / 215
互联网学习的策略与要点 / 223

第 10 章 知识运营 / 229

做好知识运营，实现"第三次跃迁" / 231
个人知识运营的五个环节 / 232
个人知识运营的方法 / 236
知识运营的实践误区与对策 / 238

第 11 章 终身修炼 / 243

时刻防范"退化"的风险 / 244
不要待在舒适区，要让自己始终处于成长区 / 246
实现持续精进的六项改进 / 250
培养并保持坚韧 / 255
活在持续精进的状态 / 257

致谢 / 262

参考文献 / 265

CHAPTER 1

第 1 章

利用"知识炼金术" 把自己炼成领域专家

如果我问你：你想成为"专家"吗？你会怎么回答？

我曾经问过一些朋友类似的问题，通常有如下几种答案：

"专家？现在到处都是'砖家'啊！"

"没想过这个问题……"

"专家？我还差得很远！不可能！"

"想啊，谁不想成为专家？但是，怎么做呢？不太清楚。"

不知道你的回答是怎样的，但我可以负责任地告诉你三句话：

- 在当今时代，如果你不能成为某个领域的专家，在激烈竞争的职场中，你就很难具备很强的竞争力！
- 只要具备了基本的条件，掌握和应用本书中所讲的"知识炼金术"，任何人都可以成为某个领域的专家！
- 要保持竞争力、应对环境的变化、不落伍或被淘汰，即便你已经是一位领域专家了，也必须持续地应用"知识炼金术"，成为一位终身学习者，这样才是名副其实的专家！

当今时代，你需要成为领域专家

近年来，人工智能（AI）和机器人、深度学习技术发展迅猛，取得了长足进展，像世界经济论坛、麦肯锡全球研究院（MGI）、经济合作与发展组织（OECD）等许多机构都发表了基于 AI 的机器人和自动化技术对未来工作影响的报告。大家普遍认为，在不远的将来，AI 和自动化技术会取代原本由人类承担的一部分工作。换言之，有相当比例的人可能会失去原有的工作，或者需要转换工作。

2016 年，世界经济论坛发表的一份白皮书指出，第四次工业革命与多重社会、经济和地理因素相互交织，会对很多行业产生颠覆性影响，使劳动力市场发生显著变革。新的工种会涌现，部分甚至全部地替代原有的一些工作。[1]

---

[1] http://www3.weforum.org/docs/WEF_Future_of_Jobs.pdf.

2017年，MGI陆续发布的多项研究报告指出：机器人、AI和机器学习技术的突飞猛进，正在把人类推进自动化的时代，在很多工作活动中，机器已经能够媲美甚至超过了人类的表现，包括一些需要认知能力的任务。在造福人类、企业和经济的同时，这会对大量劳动者造成巨大影响。据他们估计，全球1亿～4亿人将失业、被迫转岗、学习新的技能或寻找新的工作。当然，自动化革命也会创造出很多新的工作。[1]

2018年，OECD也发表了类似的研究报告，结果显示：接近一半的工作很可能会受到自动化的显著影响，AI和机器人不能做的任务正在快速减少。[2]

这些知名机构一连串的动作，都告诉了我们一个即将到来的变革趋势：AI和机器人会抢走很多人的"饭碗"。如果你不能学习新的技能、调整自己的技能组合、适应新的技术，就会被淘汰。

那么，面对AI和自动化技术的崛起，我们个人应该如何应对呢？

许多机构的研究显示，我们需要调整自己的能力构成。以OECD的报告为例，他们认为，在未来有三大类技能是至关重

---

[1] 参见：https://www.mckinsey.com/mgi/overview/2017-in-review/automation-and-the-future-of-work/a-future-that-works-automation-employment-and-productivity 以及 https://www.mckinsey.com/featured-insights/future-of-work/ai-automation-and-the-future-of-work-ten-things-to-solve-for。

[2] https://www.oecd-ilibrary.org/docserver/2e2f4eea-en.pdf?expires=1551974192&id=id&accname=guest&checksum=1C43A79F6D2A6D4C80431E5A718444A2.

要的，即认知能力、社交能力、数字化技术能力。与此类似，世界经济论坛的报告也认为，到2020年，最重要的10项技能中，排在第1～3位的是解决复杂问题、批判性思考、创造力，都与认知能力有关；紧接着排在第4～6位的三项能力与社交相关，包括人员管理、与他人协作、情商；接下来，排在第7位的判断与决策、第10位的认知灵活性，也与认知能力有关；排在第8位和第9位的是服务导向、谈判，与社交能力相关。

由此可见，提升认知能力、学会学习、学会思考，是个人顺应这一大趋势的首要能力；其次需要掌握的核心技能是社交能力；当然，另外一个不容忽视的能力是技术素养及能力，因为未来工作的基本形态很可能是"与无所不在的机器人共舞"。

在我看来，要想在未来职场中保持竞争优势，你需要做到如下三个方面。

第一，学会学习，因为这项能力是发展能力的能力（我将其称为"元能力"），无论是社交能力，还是技术能力，或者任何一项专业能力，都可以运用元能力来培养。

第二，专注于某个特定的领域，精通该领域的各种知识与技能，成为领域专家，从而能够应对各种各样的变化。如果不能成为某个领域的专家，就很容易被取代。

第三，成为终身学习者，持续学习，与时俱进。事实上，真正的领域专家一定是终身学习者。

在本书中，我所称的"领域专家"指的是在某个领域或主题上，有多年的研究与实践，对其相关原理、操作实务、问题处置等有全面、深刻而透彻理解，从而可以获得持续而稳定的高绩效的个人。㊀

概括而言，领域专家具备下列特征。

（1）专注于某个或少数几个"领域"

就像俗话所说：隔行如隔山。当今时代，社会分工越来越细，每个领域都有海量的知识，要想成为某个领域的专家，必须花费相当长的时间。虽然我们不排除有少数天才可以跨越不同的领域、成为好几个领域的专家的可能性，但是，对于绝大多数人来说，精通一两个领域、成为一个或少数几个领域的专家，已经是相当困难的一项任务了。

因而，大多数专家都专注于一个或少数几个领域。如果你看到某个所谓的"专家"，号称精通多个领域（尤其是跨度比较大的多个领域），他是否真的是专家就值得怀疑。

（2）依靠自身实力，获得持续而稳定的高绩效

真正的专家应该是依靠自身实力获得持续而稳定的高绩效的人，而不只是靠关系或运气而一时表现良好的人。

同时，专家应该能够熟练地妥善应对所处领域的大多数情

㊀ 在本书中，所谓"领域"指的是明确、具体的细分学科、实践活动或技能项。例如，在管理学这一大的学科体系中，有很多细分学科，如人力资源管理、市场营销、领导力等，甚至在销售领域内，还可进一步细分为零售管理、商业大客户营销等。如果你是厨师，可以专攻川菜、粤菜等具体的品类。

况,并且坚持学习、与时俱进,持续地取得优异绩效,而不只是短期内的高绩效。

因此,在我看来,真正的专家一定是一位学会了如何学习的终身学习者。

学会"知识炼金术",你可以成为领域专家

我相信,任何一位领域专家都不是生下来就是专家的,他们都是通过后天的学习炼成的。就像荀子所说:"涂之人百姓,积善而全尽谓之圣人。"(《荀子·儒效》)"尧禹者,非生而具者也,夫起于变故,成乎修为,待尽而后备者也。"(《荀子·荣辱》)意思是说:哪怕是普通的路人,只要能够持续不断地积累善行,修炼自己的德行与能力,也可以成为君子;如果能够达到完全、穷尽的境界,就是圣人。像尧帝、大禹这样的圣王,并不是生下来就那样圣贤的,他们是从改变自己原本的天性开始,靠着持续地修为,等到自己的品格、能力达到了很高的境界,才成了英明的领导。

在我看来,人都是可变的,即便是圣人或圣王,也是通过一个过程历练而成的,这里面其实有方法。

同样,现代心理学家安德斯·艾利克森(Anders Ericsson)通过对很多领域专家(如音乐家、体育冠军等)的研究得出结论说,绝大多数专家都是通过长期的刻意练习(据估计不少于

1万小时）炼成的。[一]

虽然我们不否认有些人可能具备特殊的天赋，但是，如果不经过长期、系统的学习与修炼，仅有天赋，肯定也无法成为领域专家。

当然，具备成为领域专家的可能性与实际上是不是领域专家是两码事。毫无疑问，要成长为领域专家，有时候也离不开特定的外部条件与资源，因此，不是每个人都一定会成为领域专家。但是，我相信，只要具备了相应的条件，哪怕你是一个普通人，也有可能成为领域专家。

根据我的研究，成长为领域专家的条件包括但不限于：

- 基本的学习能力。
- 清晰的目标与执着的热情。
- 学会学习。
- 坚持不懈，长期刻意练习。
- 支持性的环境与资源，包括不同阶段的教练、必备的设施等。
- 机会。

在上述条件中，基本的学习能力是大多数人都具备的，而支持性的环境与资源以及机会是客观条件，我们个人无法左右，除此之外，其他几项技能都是可以通过后天修炼习得的，我将

[一] 艾利克森，普尔. 刻意练习：如何从新手到大师[M]. 王正林，译. 北京：机械工业出版社，2016.

其称为"知识炼金术"。

"知识炼金术"是我发明的一个术语，这里面有两个关键词："知识"与"炼金术"。

首先，我们来看"知识"。虽然知识是一个日常用语，我们每个人几乎每天都把它挂在嘴边，但是，说实话，搞清楚或者说明白什么是知识，并不是一件简单的事。一方面是因为知识本身是一个复杂而微妙的过程，又同时具有多个面向、属性或状态，而且往往隐而不现、难以区分。因此，"什么是知识"自古以来就是一个艰涩、深奥、充满各种诡辩之词的哲学命题；另一方面，很多人并没有真正深入地思考、研究过这一问题。在我看来，你不对知识有清醒、深刻的认识，就很难学会知识炼金术。搞清楚什么是知识，是每一位知识炼金术士都必须深刻理解、熟练掌握的基本功。㊀

在这里，我先给知识下一个简单的定义：知识是对完成工作任务、解决实际问题有帮助的信息、方法或经验，有助于提升个人或团队绩效表现以及完成任务的能力。

毫无疑问，作为领域专家，他们要具备某个领域相应的"知识"。为了获得这些知识，他们需要对那个领域充满热情，通过各种途径有效地学习，并持续地应用、更新知识，培养起核心能力。

其次，我们来看"炼金术"。在中国，炼金术的历史久远，

㊀ 要深入地了解什么是知识，请参阅《知识炼金术：知识萃取和运营的艺术与实务》，邱昭良、王谋著，机械工业出版社，2019。

源自上古传说和诸如道教的传承，从事此项工作的人也被称为"方士"或"术士"，他们希望能够把一些材料炼成灵丹妙药，或者从常见的材料中提炼出黄金等贵金属。因此，炼金术是一种专门的技术或技能，它们需要使用一些原料、辅料、配方、设备，需要具备一定的条件，如温度、湿度、火候等，并经过一系列处理过程，从而达成特定的目的或预期的产出。

综上所述，我给知识炼金术下的定义是：在具备一定条件的前提下，通过一系列精心设计和引导的过程，让个人或团队从适宜的途径获得对完成具体任务、解决实际问题有帮助的信息、方法或经验，提升其绩效表现和完成任务能力的一组技术与技能（邱昭良，2019）。

根据这一定义，知识炼金术是一个系统工程，包括以下五个要素。

第一，必须有一些输入，比如合适的人、信息、材料等。就像俗话所说：巧妇难为无米之炊。要想获得有价值的输出成果，不能没有素材或原料。精通知识炼金术的知识炼金术士，要能够根据预期产出选择相应的输入。

第二，需要具备一定的环境或条件。如同锻造或提炼高价值合金需要在适当条件下（温度、湿度等）、按一定顺序投入某些材料一样，人们要想获得有价值的知识，也需具备一定的条件。例如，有掌握相关知识的人或其他形式的载体；掌握这些知识的人与知识需求方要相互信任，并有分享的意愿；如果是除人以外的其他形式的载体，知识需求方则可以访问这些载体并对其进行正确的赋义。

第三，需要借助一些专业的技术或能力。知识萃取是一个微妙而关键的过程，其中会涉及参与各方间复杂的相互影响，更像是"化学反应"，而不只是"物理整合"。事实上，如果只是简单、机械地套用本书中所讲的过程，而不是用心领悟并创造条件，人们也可能无法实现有效的知识分享或学习。实践经验表明，具备相应的知识、技能与干预方法的"知识炼金术士"，如同金属冶炼中的"催化剂"，可以改善知识萃取的效率和效果。

第四，需要经过一系列处理过程。和提炼合金需要一定的锻造、混合、加压等处理过程类似，人们要想获得有价值的知识，也离不开一系列过程，包括访谈、研讨、知识提炼与创造、分享、应用、验证、更新等。

第五，最终要有一定的产出，就是我们期望获得的能够帮助我们有效行动、提升绩效表现以及完成任务能力的知识。知识是指导人们在特定情况下（完成任务或解决问题）采取有效行动的一系列信息、经验或方法的组合，与人们完成任务所需的"能力"有关。也就是说，知识是多层次的，除了一些可以被记录、分享和传承的信息、经验或方法的组合（显性知识），也可以被人们存储在脑海中，被理解和应用，从而形成内化于个体的能力（隐性知识）；同时，知识也是与场景、任务紧密相关的，需要被验证。培根曾说过：知识就是力量。知识是有价值的，是人们渴望获得的。

当然,这并不是一蹴而就的,也不是一次性的,而是一个持续不断的过程,需要多次迭代、改进。

实践表明,知识炼金术是持续提升个人能力以及绩效表现的核心技术,因而它是把个人打造成领域专家的有效方法。

事实上,在信息爆炸的时代,我们每个人都有必要学会并应用知识炼金术,从各个渠道获取能为己所用的信息,将其转化为知识,提升个人的能力,成为某一个领域的专家。在我看来,精通知识炼金术的人都应该而且可以成为专家。换言之,如果你还不是某个领域的专家,也许是因为你还没有掌握并熟练应用知识炼金术。所以,对于每一个想成为知识炼金术士的人来说,首先要拿自己练手,综合运用知识炼金术。把自己炼成专家,是让人信服并且更好地服务他人的前提条件。

与此同时,即便你现在已经在某个领域有所成就了,你也应该通过应用知识炼金术,持续学习,以应对环境的快速变化。

综上所述,我认为,知识炼金术是炼成领域专家的必备技能。只要具备了基本的条件,掌握了本书中所讲的"知识炼金术",任何人都可以成为某个领域的专家!

成为领域专家的历程:"石-沙-土-林"隐喻

那么,如何才能成为领域专家呢?

基于我个人的学习经历和思考心得，我认为，从零基础的"小白"成长为领域专家，就是从"非学习者"成长为"终身学习者"的历程。这一过程要经历四个阶段，实现三次跃迁，并要时刻防范"退化"的风险。对于这四个阶段（或状态），我用"石""沙""土""林"四种事物的演进作为隐喻（见图1-1）。

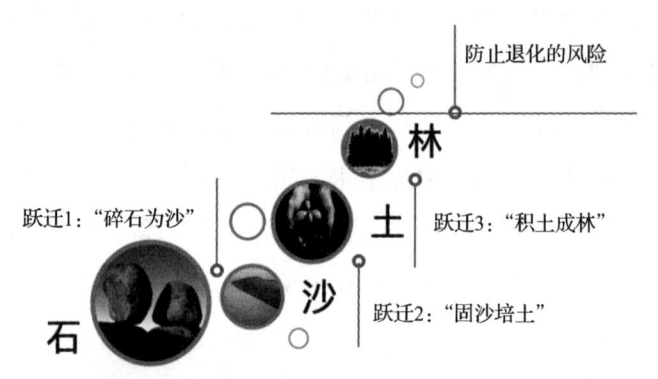

图1-1 成为领域专家的"石–沙–土–林"隐喻

1. 石：非学习者

非学习者，是指缺乏基础的"小白"或者不再持续进步的"小成者"。对于一般人来说，凭借过往的学习，可能已经形成了一定的积累，但无论是深度还是体系化程度都不够，尤其是他们通常具有狭隘、偏执或僵化的心智模式，要么自以为是，要么一无是处。如果是这样的话，他们就像一块石头（尽管有的大，有的小），难以学习或改变。

要想成为一名领域专家，必须经由持续的学习，而在我看来，学习是一扇只能由内向外开启的"心门"。为此，需要经历第一次跃迁——"碎石为沙"，也就是，打开心扉，愿意持续地学习、接纳新信息。

相应地，在这一阶段应该具备的能力是改善心智模式（参见第 2 章）。事实上，心智模式是我们每个人经由学习而形成的，它无时无刻不在影响着我们的观察、思考、决策以及行动。如果不能改善心智模式，我们就是"心智的囚徒"，就是顽石一块。只有改善了心智模式，学习才能发生。

2. 沙：不成体系的学习者

如果个人愿意学习，但面对浩瀚无垠的知识海洋，你应该在哪个领域耕耘呢？对于大多数人来说，都没有明确的方向，也没有特别深厚的积累，尚未建立起知识体系，对各种信息或观念也缺乏独立的辨别能力，就像一粒粒沙子，被风吹来吹去，飘忽不定。

为了有所建树，他们需要经历第二次跃迁——"固沙培土"。在这方面，中国的治沙经验可资借鉴，首先在一片流沙上扎满一个个一米见方的"草方格"，形成网格，以稳定沙面，保证固沙植物的成活率，接下来再改造小方格内的沙壤，使其变成适合作物成长的土壤。

相应地，一个人要从没有知识积累、到处流动的状态（"沙"）变成有所积累、稳固、有机的状态（"土"），需要掌握的能力是：明确自己的热情所在，找到要耕耘的心田（专注的领域），并梳理知识体系，制定发展目标、策略与计划（参见第3章）。

3. 土：有一定积累的学习者

固沙之后，你要在一些小块的"草方格"里面，撒下种子或栽上小树苗，精心浇灌、培育，使得它能扎下根来，不断生长，致使根扎得更深更广……随着植物的生长、根系的延展，就会慢慢地将沙变成土，更加适合植物的生长，从而在这片网格上长出更多的植物。相应地，土壤也在往深处和远处拓展……这是一个缓慢发生、持续不断的过程，堪称质的转变。

对于个人来说，在专注的知识领域，根据自己的目标、策略、计划，要进一步选择一个更小的细分领域，进行系统而深入的学习，运用适当的方法，付诸努力，实现一定的知识积累，并经由持续的训练、实践，不断精进与拓展。这是成为领域专家的必经之路。

本阶段需要具备的能力是学会学习（参见第4章），掌握相应的方法、工具与技巧（参见第5～9章），并坚持不懈。

4. 林：生生不息、动态演进与创造的终身学习者

当一小片网格上长出了植物，就可以借助生态的力量，启动一个良性循环：植物的生长将沙变成了土，土又会更加适合植物的生长……随着植物根须的扩展，土壤也更加深厚、肥沃，

覆盖面积也在持续扩展,适宜种植更多的植物,形成一个体系,相互搭配、彼此增益……假以时日,就会形成一片草原或森林生态,生生不息。

同理,要想成为领域专家,我们还需要经历长期持续的努力,实现第三次跃迁——"积土成林"。也就是说,随着个人在某个细分领域上知识深度和广度的积累,逐渐达到精通,然后以此为基础,向相邻的细分领域拓展;与此同时,既要不断地吸收、内化形成新知识,还要持续地创造、产出,并以此检验、优化以及进一步更新并充实自己的知识体系。这是领域专家应有的状态,我称之为"知识生态"。

这一阶段的核心能力除了学会学习,也离不开知识运营(参见第10章),因为学习从本质上讲就是提升个体能力、改善行动有效性和绩效表现的过程,与实践、行动、应用是密不可分的。

同时,无论是在此阶段,还是在前两个阶段,都要时时防范"退化"的风险(参见第11章),因为你一旦失去了动力、心态变得僵化、封闭,就会退化到"石"的状态。这是贯穿整个过程、持续不断的一项修炼。

综上所述,各个阶段的要素及特征如表1-1所示。

虽然不是每位领域专家都必然经历这四个阶段,但在逻辑上,我相信,这是零基础的"小白"成长为领域专家的一般过程与底层逻辑。

知识炼金术（个人版）

表 1-1　学习的不同阶段对应的隐喻及特征

阶段或状态	石	沙	土	林
心态	僵化、封闭	开放	开放	开放、生态
学习动力	没有学习的动力和热情	愿意学习，但缺乏持续的热情与动力	具有强烈的持续学习动力	将持续学习作为一种习惯和生活方式
知识积累	只有一些固化的经验	尚未建立成体系的知识基础，只有一些零散的知识	在一些领域有了初步积累，开始建立自己的知识体系	具有深厚、成体系的知识基础，而且能动态更新
信息获取	不愿意接触新信息	接收自己当前所需或感兴趣的信息	接收与自己关注的领域相关的信息	持续有效地接收与自己知识体系相关的各种信息
信息处理	低效	低效	有一定效率	高效
知识创造	很少	很少	少量产出	持续高效地产出
整体表现	非学习者，"小白"或普通人	低效学习者	高效学习者	终身学习者，高绩效、高成就

思考与练习

1. 你认为自己有必要成为领域专家吗？
2. 你觉得自己可以成为领域专家吗？如果想成为领域专家，需要具备哪些能力？
3. 什么是知识炼金术？谈谈你的理解。
4. 知识炼金术对你有哪些价值？为什么说知识炼金术会有助于你成为领域专家？
5. 对照成为领域专家的"石－沙－土－林"隐喻，粗略地估计一下，你现在处于哪种状态？你要学习的重点是什么？

CHAPTER 2
第 2 章

改善心智

"你这孩子,就是这么调皮,老想着玩儿……"

刚从学校毕业初入职场的李天丰(化名,下同),在地铁上听着对面座位上的妈妈在数落自己的孩子,心中一凛。

可不是嘛,自己在大学好像也没有了高中时那股拼命学习的劲了,不仅上课马马虎虎、迷迷糊糊,晚上也是熬夜打游戏。结果,好几门课都是差一点挂科,这让他连找工作都费了一番周折。

想到这里,他赶紧打开手机,登录公司的在线学习系统,开始学习本岗位相关的一些课程。因为他知道,如果自己做不好当前这份工作,不会像在学校那会儿一样,还有补考的机会。

成为领域专家的第一次跃迁：碎石为沙

我相信，任何人要想成为专家，都需要依靠后天的学习炼成，而学习是一扇只能由内向外开启的心门，因为任何学习在本质上都是一个自我进行知识建构的过程。如果没有打开心门，心智模式是僵化、封闭的，像一块石头，虽然也会接触到外界的一些新信息或新观点，但就像石头被淋了雨水，只是湿了表皮，而没有渗透到内心，也就无法被接纳、转化，过不了多少时间，雨水就会被蒸发掉，只留下一丝痕迹。

在现实生活中，很多人的学习也与此类似。去参加了一次培训或者了解到一些新的做法、经验，如果自己心不在焉，或者内心里充满了各种各样的评判之声、嘲讽之声或恐惧之声，根本不可能专心致志地充分获取信息，也很难高效地理解、消化吸收，回到工作岗位以后自然也难以应用，时间一久，获得的大部分信息也就消失了。这是个人学习的第一个阶段，是一种"非学习者"的状态。

要想打破这种状态，踏上终身学习之旅，必须始于打开心门，愿意改变自己的心智模式，放下成见，去接纳新的事物、信息和观点。这是一道"分水岭"，是一种质的转变。

一旦完成了心态转变，你就不再是一块坚硬的石头，而是有了适合学习的基础，可以开始从各个渠道或途径获取信息，构建自己的知识与能力。对此，我将其称为"碎石为沙"，因为在此时，你尚未建构知识基础，犹如一片流沙。

因此，无论是想成长为领域专家，还是想持续学习，都要打开心门，这是成为终身学习者需要具备的基础能力。

什么东西在影响你的学习

从个体的角度上看，学习是一个复杂而微妙的心智过程，包括获取信息、理解赋义、记忆与提取、分析与综合等诸多环节，会受到既有知识基础（或心智内容）的影响，也与个体的思维能力与偏好、心态与动机等多方面因素相关。这两方面要素，我将其称为"心智模式"（mental models）。

"心智模式"这一术语是由心理学家肯尼斯·克雷克（Kenneth Craik）在20世纪40年代提出来的，但是并没有被非常深入、系统地阐述，之后，一些学者在这方面进行了研究和发展，有时它也被称为心理表征（mental representation）、心智结构、图式等。但是，总体来说，人们对于心智模式的探索还非常有限，目前它还是一个很广阔的未知领域，值得我们继续深入探究。

按照《第五项修炼：学习型组织的艺术与实践》一书作者彼得·圣吉的解释，心智模式是根深蒂固存在于我们每个人心中，影响我们如何看待这个世界，以及如何采取行动的诸多假设、规则、信念，甚至图像、印象等。在我看来，所谓心智模式，就是我们每个人从过往的经历中自发建构起来或者被教导形成的一系列信念、假设、规则以及思维偏好，它影响我们如何看待自己、他人和世界，以及如何采取行动。

从本质上看，心智模式是我们每个人大脑中进行的与思维活动紧密相关的一种心理现象或存在，它无时无刻不在影响着我们每个人的观察、思考与行动，与我们的学习息息相关。毫不夸张地讲，如果你能清晰地意识到自己的心智模式，主动地改善心智模式，就能实现持续的创新与学习，实现突破性变革。

那么，心智模式到底是如何形成并运作的？

基于目前对脑科学的研究，心智模式的形成与运作涉及人体很多器官，它们共同参与，协同工作。

首先是"感觉器官"，包括眼睛（视觉）、耳朵（听觉）、鼻子（嗅觉）、皮肤（触觉）、嘴巴（味觉）、大脑（综合判断形成感觉）、神经网络以及"第六感"等。它们时时刻刻在捕捉人体外部和内部的各种信号，然后通过不同的传递途径将其传导至大脑的不同区域。这是心智形成的物理基础，离开了这一点，心智就难以形成、运作与发展。

其次，在接收到各方面传导过来的信息之后，我们的大脑会立即对其进行各种复杂而微妙的处理，识别其意义，结合以往的"知识"，进行比较、综合、分析、判断，并基于各种信念、动机、价值观念等，形成各种响应的决定。在这个过程中，心智模式会全程参与，发挥着不可或缺的作用。

最后，这些决定会以各种指令的方式，反馈给我们的肢体和各种器官，让我们做出各种举动（或者没有举动），从而对内外部反馈信息做出响应。这也是心智模式养成不可或缺的一个过程，因为如果自身或外部世界对我们响应行为的结果不满意或者未达到预期，我们就会进行反思、分析甚至质疑，改变自己据此做出响应的规则、信念等。

由此可见，心智模式对于学习的影响是双方面的（见图2-1）。一方面，心智模式是学习的结果。通过学习，每个人的心中都存储了大量心理表征或解读方式、规则、信念的组合，让我们具备观察、思考和判断的能力。

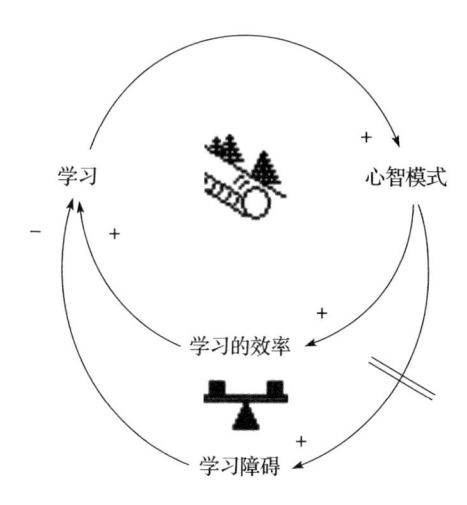

图2-1　心智模式与学习的关系

另一方面，心智模式也会全方位地影响我们每个人的学习，而这种影响也是一把"双刃剑"：心智模式的形成一方面代表成熟、老练、高效率，另一方面反映封闭、保守、无创新。

首先，心智模式有助于提高学习的效率。因为人类的学习从本质上看是将新信息与大脑中已有的"知识"进行链接，从而扩展自身知识库的过程。你的大脑中存储的图像、印象、规则等模型越多，你学习得就越快。就像人们经常说的那样：如果把你已有的知识比作一个圆，这个圆的周长越大，你需要探索的未知领域就越大，与此同时，你能接触或学习到的新知识也就越多。事实上，如果你没有形成心智模式，你就几乎没有办法学习。

但是，心智模式又是自我增强的。也就是说，你有什么样的心智模式，它就会引导你看到什么样的信息，并从中快速识别出它所熟悉的模式，从而形成一些相对固定或僵化的观察框架和思考路线，久而久之，甚至有可能形成一些根深蒂固的思维定式或者自以为天经地义的信念，让我们变得"经验主义"或者表现出类似于"自动驾驶"一样固化的行为模式，从而阻碍我们的创新，或者针对外部环境的变化做出相应的调整。

因此，如果环境发生了重要变化，而我们仍然按照原有的规则、模式去观察、思考和决策，会让我们察觉不到外部环境正在发生的一些微弱但致命的威胁，就像彼得·圣吉所讲的"温水煮青蛙"那样，这是一种严重的学习智障，同时，也有可能让我们的行动显得不合时宜，难以适应新环境的要求，心理上产生挫折感，甚至最终失败。

所以，我们要明确心智模式的作用机理，主动察觉自己的心智模式，对其进行检验，同时以开放的心态接受新信息、使用新规则或逻辑，使其持续不断地改进、更新，做到与时俱进。

第 2 章 改善心智

事实上，2000多年以前，儒学大师荀子就说过："人何以知道？曰：心。心何以知？曰：虚壹而静。心未尝不臧也，然而有所谓虚……人生而有知，知而有志；志也者，臧也；然而有所谓虚；不以所已臧害所将受谓之虚。"（《荀子·解蔽》）意思就是说，人如何了解事物的本质？答案是：靠"心"。[一] 心是怎么思考的？答案是：保持"虚""壹"（专注）和"静"。所谓"虚"，是相对于"臧"而言的。"臧"指的是我们已经积累下来的各种知识、观念、经验，也就是我们所讲的"心智模式"。在荀子看来，人生下来就有探索、认知世界的能力（"知"），从而形成各种经验和记忆（"志"），这些逐渐累积起来的记忆就是"臧"。如果你能不让你头脑中储藏的各种知识和观念妨害你对新信息的接纳，就是所谓的"虚"。因此，要想持续不断地学习，就需要保持在"虚"的状态。

总而言之，有什么样的心智模式，就决定了你有什么样的思考与行为，而这会决定你的选择和命运。

欲进一步了解心智模式的运作机理与改善方法，请扫描右侧二维码，关注"CKO学习型组织网"公众号，可获取更多学习资料。

[一] 在古代，人们还不了解大脑的作用，认为"心"是思考与行动的主宰，读者在理解时需批判性地接纳。

自我实现的预言：启动成长的良性循环

在古希腊神话中，皮格马利翁（Pygmalion）是塞浦路斯国王。相传，他性情孤僻，喜欢独居，擅长雕刻。他用象牙雕刻了一座他心目中理想女性的雕像，并天天与其相伴。他把全部热情和希望放在了这尊雕像上，结果上帝被他的爱和痴情所感动，让雕像活了过来，变成了一位美丽的少女。皮格马利翁就娶了这名少女为妻。

这则神话一直在西方流传，现实生活中究竟有没有类似效应呢？1968年，美国心理学家罗森塔尔和雅各布森做了一个实验：他们来到一所小学，选取了几个班，煞有介事地对这些班级的学生进行智力测验，然后把一份名单交给有关教师，宣称名单上的这些学生被鉴定为"最有发展前途者"，并再三嘱咐教师对此"保密"。名单中所列的学生，有些在教师的意料之中，有些却不然，甚至是平时表现较差的学生。对此，罗森塔尔解释说："请注意，我讲的是发展潜力，而非现在的情况。"鉴于罗森塔尔是知名的心理学家，又似乎有智力测验的依据，教师对这份名单深信不疑。其实，这份名单是他们随意拟定的，根本没有依据所谓智力测验的结果。八个月后，他俩又来到这所学校，对这些班级的学生进行"复试"，结果出现了奇迹：凡是被列入此名单的学生，不但成绩提高很快，而且性格开朗，求知欲望强烈，与教师的感情也特别深厚。对于这种现象，罗森塔尔和雅各布森借用上述希腊神话，将其命名为"皮格马利翁效应",也被人们称为"罗森塔尔效应"。

从原理上讲,虽然教师始终把这些名单藏在内心深处,没有告诉其他人,但由于他们受到"权威性的谎言"的心理暗示,对名单上的学生充满信心,掩饰不住的热情会通过他们的眼神、语言、面部表情等传达出来,滋润着这些学生的心田。实际上,他们扮演了皮格马利翁的角色。学生们潜移默化地受到影响,因此变得更加自信,奋发向上的激情在他们的胸中激荡,于是,他们在行动上也就不知不觉地更加努力,结果就有了飞速的进步。

虽然这只是一个实验,但在实际工作、生活、教育与管理中,却也有着类似神奇的功效。在不被重视和激励甚至充满负面评价的环境中,人们往往会受到负面信息的左右,对自己做出比较低的评价,从而表现得更为消极,结果也变得越来越差;在充满信任和赞赏的环境中,人们则容易受到启发和鼓励,自我感觉良好,行动的积极性也就会越来越高,最终做出更好的成绩(见图2-2)。

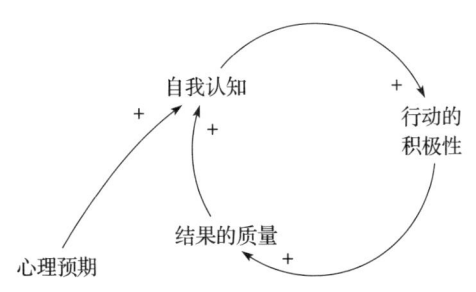

图2-2 心理预期与个人发展之增强回路

这就像一个硬币的两面，可能成为个人发展与成功的良性循环，也可能变成"厄运之轮"。作为一名曾经的网球教练，美国运动心理学第一人提摩西·加尔韦（Timothy Gallwey）在多年的执教生涯中观察到，很多人之所以打不好网球，关键在于内心充满了害怕失败、怀疑、犹豫、不恰当假设以及自我谴责的"内心干扰"，它们导致人们动作扭曲，发挥失常。如果一个人能够排除内在干扰，保持一颗平静而专注的心，则可能超常发挥，取得优异的成绩。其实，在一些竞技比赛和商业竞争中，这种情形也经常出现：一些看似胜券在握的选手，往往在最后一个动作时，因患得患失或压力过大而导致失误；另外一些看似不抱希望的选手，轻松上阵，却笑到了最后。

因此，加尔韦认为，乾坤逆转的关键在于能否从内外两方面来影响个人的自我认知，他将其称为"外在我"和"内在我"。他指出，不管从事何种活动，无论是打球还是解决复杂的商业问题，绩效表现等于个人潜能减去干扰因素之后的结果。良好的心理预期不仅会激发个人潜能，而且能降低干扰，消除自我怀疑、错误的假设和对失败的恐惧，从而提高个人的实际表现。心理预期不仅受到外在（企业文化、管理措施等）的影响，而且受到"内心戏"的主导，唯有从内心改变自我认知，深层次的学习与变革才有可能发生。

所以，在我看来，积极的自我认知是促进个人发展的不二法门。也就是说，成功是从相信自己可以成功开始的。如果你想成为领域专家，就得从相信自己可以成为领域专家开始。反之，如果你对自己充满怀疑，自然就很难全力以赴，相应地，结果也不会太好，这样你在内心深处就更加深信自己做不到，这就成为一个恶性循环。

1. 设定并保持良好的心理预期

那么，怎么才能设定并保持科学合理的心理预期呢？在我看来，关键要点包括两个方面。

（1）明确对成功的定义

虽然人人都希望能够"成功"，但对于什么叫"成功"，很多人其实并不清楚。有人认为，很有钱就是成功；有人则认为，要干出一番轰轰烈烈的事业，才叫成功……事实上，如果不搞清楚自己心目中"成功"的定义，就像在雾中行路，毫无方向或者永无止境。

从字面意思来解读，成功就是成就功业，达成或实现某种价值，获得预期的结果。因此，成功是对个人某个结果或状态的评价，它包含两层含义：一是"成"，就是实现、达成（是个人想要的）；二是"功"（也就是有价值、有意义的结果）。成功既和个人的标准、期许紧密相关，是高度个人化的，也有一定的社会标准或认可度。

因此，如果你想做一件事，并把它做成了，而且对于这个结果，你感觉有意义、有价值，那就是成功。

当然，我们也不能据此把成功定义为一个完全个人化的评判词。试想一下，如果你想去杀人放火，你即便真的做成了，别人也不会认为你是成功的。因为人作为一种社会性动物，除了个人的价值、意义之外，还应遵守社会普遍认可的一些规范。事实上，对于某个人的状态，他人也会基于自己的标准和对那个人状态的了解（可能不准确、不全面），给出成功或失败的评价。虽然我们个人不必太在意他人的评价，但不能忽略自己认可的价值是否符合社会规范。违背社会规范的结果、不被社会接受或认可的事情，即便符合个人预期，也不会给当事人带来持久或稳定的成就感、满足感，因而不应被定义为成功。

所以，一个清晰的关于成功的定义，概括而言，都要包括两个方面：① 个人必须有明确的目标，而且这些目标不仅对个人有意义，也应符合普遍适用的社会价值观；② 有明确的结果或事实，证明个人达成了这些目标。

需要强调的是，我这里说的是"明确的目标"，而不是笼统的期望，比如"赚很多钱""干出一番事业"……这些都是一些模糊的描述，并不是明确的目标。即便你想要的真的是"赚钱"（事实可能并非如此），那么，赚多少钱才能令你满意也需要明确。如果不明确，赚了100万元，就想着去赚200万元……最后可能会让自己都迷失了，总觉得自己赚的钱还不够多。

同样，"干出一番事业"也很模糊、不具体，没有回答你到底要干什么事业、想干到什么程度这些很实质性的问题。如果是这样的话，你很可能会左右摇摆，今天看到一个机会就去做这件事，明天看到另一个机会，似乎比前一个机会更好，就又去做另外一个方向上的事。结果，同样是迷失在歧路中，一事无成。

因此，只有目标明确、具体，才能衡量和评价是否成功。同时，个人的目标越高远、实现难度越大，达成目标所需的时间越长，而实现目标之后所获得的满足感（或"成就感"）就越大。此外，个人目标的实现所创造出来的集体利益越大，社会对个人成功的认可度和评价就越高。

（2）通过个人努力，实现你的目标

设定目标之后，还要采取行动、克服困难，去达成自己想要的结果，这样才能让我们树立信心，从而增强并保持良好的心理预期。这是一个艰难而现实的过程，需要你具备相应的能力，付出艰苦的努力，整合各方面的资源，并且具备一定的条件甚至运气。这一过程或易或难、或快或慢，甚至有时候可遇而不可求。

但是，只要你认准一个目标，坚持不懈，终究会有成功的一天。就像《荀子·修身》中所说："夫骥一日而千里，驽马十驾，则亦及之矣。将以穷无穷，逐无极与？其折骨绝筋，终身不可以相及也。将有所止之，则千里虽远，亦或迟、或速、或先、或后，胡为乎其不可以相及也！不识步道者，将以穷无穷，逐无极与？意亦有所止之与？"意思是说，良马一天能跑一千里，劣马跑十天也可以达到。但是，要是用有限的气力去追求无穷的事物，那不是没有尽头吗？即使劣马跑断了骨头，走断了脚筋，一辈子也赶不上啊！如果有个终点或目标，千里的路程虽然遥远，也不过是快点或慢点、早点或晚点而已，怎么不能到达目的地呢？

2. 成功的循环

对于每个人来说，既要树立一个值得长期追求的远大目标，也要将其分解为具体的、实现难度更小的目标。通过实现一些小的成功，可以启动一个"成功的循环"（见图2-3），从一个成功走向另外一个成功，最终实现自己期望的远大成功。

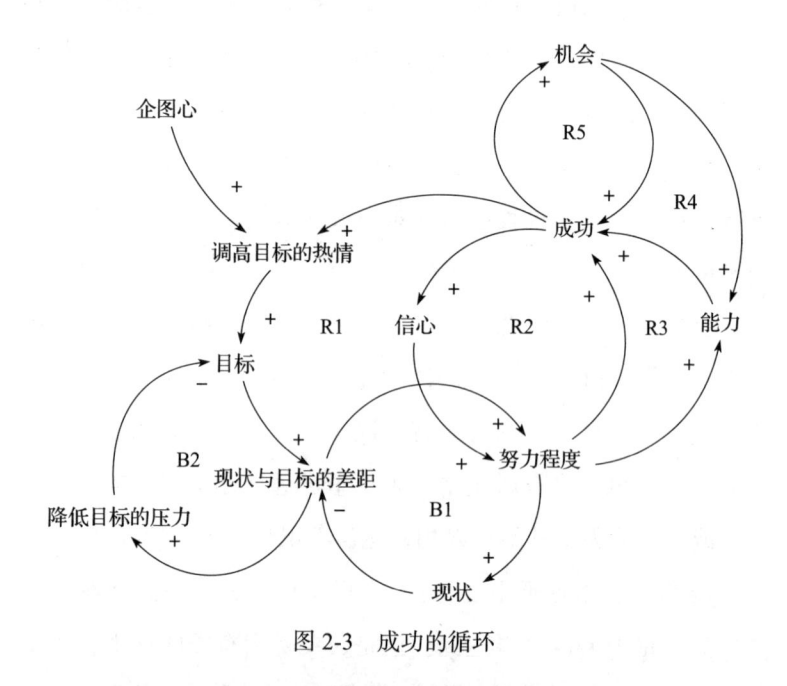

图 2-3 成功的循环

在图 2-3 中，共有 7 个反馈回路，它们表述了对成功有影响的各种力量及其相互作用关系。

（1）现状与目标的差距会激励我们采取行动、改变现状，逐步减少二者之间的差距。若目标得以实现，就会获得成功（见图2-3中B1）。因此，目标会带来成功。按照这一机理，现状越靠近目标，差距就越小，相应的努力程度也就会降低。因此，如果没有远大的目标，即便能成功，也不是持续的成功，很可能只是"小富即安"。这是影响持续成功的一个障碍因素——"胸无大志"。

（2）如果现状与目标的差距过大，也有可能产生降低目标的压力，甚至有放弃的想法。这样就会降低人们努力的程度，这是阻碍成功的另外一个因素——"情绪性张力"（见图2-3中B2）。

（3）尽管存在上面两种障碍因素，但事实上，成功也会激发人们的热情，使人们不断调高自己的目标或追求，从而拉大现状与目标的差距，激发人们付出更大的努力，从而带来更多的成功（见图2-3中R1）。

因此，要想取得持续的成功，必须有远大的目标和追求，这来自你想做一番事业的"企图心"。你的企图心越大，目标越高远、坚定，由此激发的改变现状的努力就越大，成功也就越多。所以说，企图心会带来持续的成功。

（4）同样，成功越多，个人的自信心就越强，个人就会越努力，相应地，成功也就越多。这是一个良性循环（见图2-3中R2）。

当然，如果没有远大的目标和谦逊的品格，成功也有可能导致一个人骄傲自满，从而不再奋发努力。这也是成功的障碍因素，因为它在本质上和"小富即安"类似，所以在图2-3中没有特意标注出来。

（5）同时，成功越多，个人越自信、越努力，相应地，能力就会越强，就会有更多的成功。这是另外一个良性循环（见图2-3中R3）。

（6）虽然能力的建立主要靠的是个人努力，但也离不开锻炼机会和相应资源。事实上，成功越多，表现越好，获得的资源和锻炼机会就越多，个人能力就越强，也越容易成功（见图2-3中R4）。

（7）就像俗话所说，"机会总是偏爱有准备的人"。你的能力越强、绩效表现越好（也就是"成功"），更容易获得并把握住机会，从而让成功越多（见图2-3中R5）。从本质上讲，这也符合人类社会和自然界普遍存在的"富者愈富"的基本模式。

当然，严格说来，上述R1～R5这五个反馈回路都是增强回路，它们并不总是"良性循环"，也有可能是"厄运之轮"。因此，要想成功，我们需要把握一些关键要素，使得它们朝着越来越好的方向运转，这样才能让时间成为我们的朋友，让一个成功带来更多的成功，积累众多的小成功，成就伟大的成功。

3. 把握五个关键，启动"成功的循环"

要想启动"成功的循环"，起初可能需要一些机缘，但是，关键要点包括下列五个方面。

（1）最重要的是要有明确的目标和远大的"企图心"，找到自己的使命与愿景，因为从根本上讲，"企图心"是每个人取得持续成功的原动力。

（2）在厘清了自己的使命、愿景与目标之后，需要结合自己当前的实际情况将其细化，制定出明确、具体的阶段性目标，以及实现目标的策略。

（3）根据实现阶段性目标的策略与计划，协调各方面的资源，付出努力，把计划推进到位，以取得初步的成功。

根据上面所讲的"成功的循环"，初期取得的成功会带来更多的成功。相反，如果初期开局不利，没有成功，就可能会挫伤自信心，影响能力的养成，也很可能没有更多的机会，使得"成功的循环"难以启动。所以，精心准备，让自己开始取得初期的成功不容小觑。

（4）取得初期的成功之后，需要特别注重培养自己的能力。因为说到底，个人的成功主要取决于自身的能力。

那么，怎么判断一个人是否有能力呢？在大多数情况下，应该看这个人能否根据实际情况，灵活地采取有效的行动，从而有良好的绩效表现。因此，能力和绩效是紧密相关的。虽然在现实生活中，影响绩效的因素很多，有时候，即便你能力不高，靠着运气或已有资源，也有可能有较好的绩效表现。但是，这些绩效表现只是暂时的，因为你不可能永远拥有好运气，如果没有能力，资源也会用尽、枯竭。因此，要想取得持续的成功，还是需要依靠自身过硬的能力，就像俗话所讲：打铁还需自身硬。自身练就过硬的本领就是启动"成功的循环"的核心环节。

（5）审慎并积极地把握机会。如上所述，成功也离不开机会，所以，我们要善于把握机会。面对机会，态度要积极，但是也应"审慎"，因为机会无所不在，要想成功，我们必须认准自己的目标，判断机会是否符合自己的方向，是否有助于自己目标的实现。如果不加甄别，最后只能随波逐流。

虽然取得小的成功并不困难，但要想获得持续成功、获得巨大的成功，并不容易。因此，如果能把握上述关键因素，就能启动"成功的循环"，迈上持续成功之路。

持续学习的基础：成长型心态

如上所述，每个人的心理预期会影响其努力程度。因此，你有什么样的心态，就可能有什么样的行为模式。这其实就是斯坦福大学心理学教授卡罗尔·德韦克（Carol Dweck）的研究结论。

在做"如何应对失败"的研究时，德韦克教授曾做过一个实验：她给一群小学生一些特别难的字谜，然后观察他们的反应。她发现，一些孩子会拒绝面对失败，沮丧地丢开字谜，或者假装对字谜不感兴趣；另外一些坦然地承认和接受自己解不出字谜的现实；但是，也有一些孩子兴高采烈地用不同方式尝试挑战这些解不开的难题。一个孩子快活地说："太棒了，我喜欢挑战！"另一个则满头大汗，但难掩愉悦："猜字谜能让我增长见识！"

德韦克随即意识到，这个世界上确实有些人能够从失败中汲取动力，他们区别于他人之处在于其持有的信念——"成功和才能，是在挑战中因努力而获得的，并非固定值"。她将这种心态称为"成长型心态"（Growth Mindset）。与之相反，拥有另外一种心态的人，认为"才能是天生具备的一种相对固定的特质"，即所谓"固定型心态"（Fixed Mindset）。[一]

面对失败，持有成长型心态的人会认为：智力不是固定值，而是可以后天培养、成长和开发的。因此，他们愿意接受挑战与反馈，并会更快地调整。相反，拥有固定型心态的人，则认为是自己的才能或智慧不够，不愿意承担风险和付出努力，他们把承担风险和努力尝试当作有可能暴露自身不足的潜在威胁。

因此，正如德韦克所说：在她二十多年关于儿童和成年人的研究中发现，你所持有的观念，深深地影响着你的生活之路。那些相信智力和个性能够不断发展的人，与认为智力和个性是根深蒂固不可变、本性难移的人相比，生活之路会有显著不同的结果。

所以，要想成为终身学习者，你必须改变自己的心态。

在我看来，学习是一扇只能由内向外开启的"心门"。如

[一] 德韦克. 终身成长：重新定义成功的思维模式［M］. 楚祎楠，译. 南昌：江西人民出版社，2017.

果你认为自己已经无所不能，什么都知道了，不再需要学习了，或者认为自己的智慧与能力都已经固定了（固定型心态），或者认为自己学不动了，这些观念都是你的"所藏"，它会限制你以开放的心态接纳信息（"将受"），那就不是荀子所讲的"虚壹而静"中"虚"的状态，也就没办法"知道"了。而秉持"成长型心态"的人，即便已经有了很多知识、技能或经验，也会持续地接纳新的挑战，关键就在于他们的状态是"虚"的。

如果你现在还没有成功，只是说明你的努力还不够，或者还没有找到适当的方法以及机会。

请扫描右侧二维码，测试一下自己在多大程度上具备成长型心态。

既然转换心态、保持开放是你开始学习、改变与成长的第一步，那么，如果你现在是固定型心态，怎么转换为成长型心态呢？

按照德韦克教授的看法，将固定型心态转换为成长型心态，包括以下四步。

- 觉察：上述测试可以让你发现一些线索，如果你面对错误、挑战、批评、遭遇挫折，或者任何时候怀疑自己的能力、找借口或想放弃时，你的内心深处可能都隐藏着固定型心态。

- 暂停：觉察到固定型心态起作用时，你应该暂停，然后深呼吸或者换一个环境，让自己认识到你是有选择的，你可以接受自己没有天赋或能力的现实，也可以换个观念，接纳成长型心态。
- 思考：我们人类是通过语言来思考的，有什么样的语言就反映了我们有什么样的心态。因此，如果我们在面对同样一种状况时，换一种说法，久而久之，就可以影响乃至改变我们的心态。如果你愿意尝试培养成长型心态，那么，当遇到下列状况时，不如尝试换一种回应方式（参见表2-1）。

表2-1　换一种说法，换一种心态

关于……	原来的说法	新的说法
理解	我就是搞不懂……	我忽略了什么吗
放弃	我不干了	我再试试其他的方法
错误	糟糕！我犯错误了	犯错能让我变得更好
困难	这太难了	我可能需要更多的时间和精力（才能搞定）
成绩	这已经挺好的了	这真的是我的最高潜能吗
聪明	我不可能像他一样聪明	她是怎么做的？我也要试试看
完美	我不能做得更好了	我还能做得更好，我要继续努力
否定	我……不太好	对于……我要加强训练
能力	我不擅长这个	我正在提高

- 行动：按照成长型心态的回应方式去行动，逐渐将其内化为自己可以习惯性采纳的反应模式。

唯有心态转变，你才能开启学习的大门。

保持开放的心态

在我看来,好奇心与开放的心态是学习与创新的"分水岭"。也就是说,如果能够保持好奇心与开放的心态,就会产生学习与创新,否则,学习与创新就难以发生。就像桥水基金创始人瑞·达利欧所说:"对于快速学习和有效改变而言,头脑极度开放、极度透明是价值无限的。如果你头脑足够开放、足够有决心,你几乎可以实现任何愿望。"㊀

在达利欧看来,要做到头脑极度开放,你必须:

- 真诚地相信你也许并不知道最好的解决办法是什么,并认识到,与你知道的东西相比,能不能妥善处理"不知道"才是更重要的。
- 认识到决策应当分成两步:先分析所有相关信息,然后决定。
- 不要担心自己的形象,要只关心如何实现目标。
- 认识到你不能"只产出不吸纳"。
- 认识到为了能够从他人的角度看待事物,你必须暂时搁置判断,只有设身处地,才能合理评估另一种观点的价值。
- 谨记:你是在寻找最好的答案,而不是你自己能得出最好的答案。

㊀ 达利欧. 原则 [M]. 刘波,綦相,译. 北京:中信出版社,2018.

- 搞清楚你是在争论还是在试图理解一个问题，并根据你和对方的可信度，想想哪种做法最合理。

同时，达利欧还列出了头脑开放和头脑封闭的不同迹象（见表 2-2）。

表 2-2　头脑开放和头脑封闭的不同迹象

头脑封闭的人	头脑开放的人
不喜欢看到自己的观点被挑战	更想了解为什么会出现分歧
通常会因无法说服对方而感到沮丧，而不是好奇对方为何会看法不同；在把事情弄错时会产生坏情绪	当其他人不赞同时，不会发怒
更关心自己能不能被证明是正确的，而不是提出问题，了解其他人的观点	明白自己总有可能是错的，值得花一点时间考虑对方的观点，以确定自己没有忽略一些因素或犯错
更喜欢做陈述，而不是提问	更多地提出问题，经常权衡自己对当前议题进行决断的相对可信度，以确定自己应该主要扮演学生、老师的角色，还是对等者的角色
更关心自己是否被理解，而不是理解他人	经常觉得有必要从对方的视角看待事物
会说类似这样的话："我可能错了……但这是我的观点。"这是典型的敷衍式表态，借此固守自己的观点，还觉得自己是开明的	知道何时做陈述，何时提问
阻挠其他人发言	更喜欢倾听而不是发言，鼓励其他人表达观点
难以同时持有两种想法，总是让自己的观点独大，排挤其他的观点	会在考虑其他人观点的同时保留自己深入思考的能力，可以同时思考两个或更多相互冲突的概念，反复权衡其相对价值
缺乏深刻的谦逊意识	看待事物时，时刻在心底担忧自己可能是错的

资料来源：邱昭良整理，参考《原则》(瑞·达利欧著，中信出版社，2018，第 195-196 页)。

那么，如何保持开放的心态呢？

在我看来，要想成为一个头脑开放的人，并非一蹴而就，而且因人而异。有的人也许无须刻意训练就能有较高的开放度，有的人则很难被训练，甚至四处碰壁后仍然执迷不悟。就像孔子所说："生而知之者，上也；学而知之者，次也；困而学之，又其次也；困而不学，民斯为下矣。"（《论语·季氏》）当然，大多数人都可以通过学习，或多或少地提高头脑的开放性。

为了训练并提升心态的开放性，需要从三个方面来努力。

第一，信念。因为我们的思维与行动都会受到信念、成见与规则的影响，因此，要保持心态的开放，需要具备相应的信念与规则。为此，你应该：

（1）相信世界是复杂的，自己不可能了解所有的事实与真相。

（2）相信自己不是万能的或完美的，自己总有可能是错的。

（3）相信任何人的观点都有其价值。

（4）相信世界是变化的，既有一般性的原则与规律，也千差万别（甚至完全相反）。

（5）相信人与人之间有竞争也有合作，人都有其私利，但也会顾及"公义"。

（6）相信任何事情都有多种可能性，并不是"非此即彼"。

这并不是一个完全清单，你可以根据自己的实践进行总结、提炼、补充、完善。同时，它们也不应该只是我们"信奉的理论"，而是要身体力行，使其成为我们"践行的理论"。

第二，反思。保持开放的头脑，体现在思考过程中的各种思维习惯和偏好。具体来说，你可以通过下列反思措施，来改善自己心态的开放性：

（1）想一想自己经常在哪些方面做出糟糕的决策，也可以邀请他人帮你发现自己的盲区或弱点，最好能把它们写下来，放在你能够随时看到的地方，每当你准备在这些方面自行做出决定（尤其是重大决定）的时候，一定要提醒自己格外慎重。

（2）随时想一想其他人看到了什么、会有什么样的观点。

（3）当你确信自己得出了正确的观点，别人的观点都是错误的时候，再想一想，还有没有其他可能。

（4）对于每一种常用的策略或做法，都想一想有没有其他可行的替代方案。

（5）当别人挑战你的观点时，先深呼吸，让自己冷静下来，搁置判断，按捺住内心"遽下定论"的声音，专注地聆听，并真诚地探询他的观点背后的理由。

（6）当很多可信的人都说你正在做错事而你并不这么认为时，一定要想一想自己是否看偏了或者忽略了什么。必要时，可以咨询某个你和他人都尊重或认可的第三方的意见。

（7）凡事都列举多种可能性，不要只给出一两种选择（事实上也不存在只有一两种选择的状况）。

第三，养成习惯。 因为心智模式是隐而不见的，要想保持开放的心态，你需要使其成为一种习惯，甚至是下意识的行为。为此，你应该：

（1）保持强烈的好奇心和探索精神。

（2）欣赏每一个新的发现，庆祝每一次新的做法。

（3）重视证据，分清事实与观点，保持理智、客观的独立思考。

（4）用心观察，从多个角度或渠道获取信息。

（5）多进行正念、冥想等练习。

（6）学习系统思考、复盘等方法，提升自己的思维力、反思与决策能力。

（7）对于重大决策，明确决策依据，明确分工与职责，建立决策程序。

（8）注重团队搭配，尊重并拥抱差异化的观点，聆听不同的观点，兼顾主张与探询。

需要说明的是，保持开放的心态是学习与创新的基础，但它可能随时"退化"、逆转，需要我们持续坚守，每一年、每一天，都要反思自己是否做到了这一点！

打破阻碍学习的 12 个不当信念

要实现持续学习与成长，除了要保持开放的心态，我们也要打破、去除阻碍学习的一系列不当信念。事实上，这些信念在现实生活中比比皆是。

1. 自我设限

每个人心中都有各种各样的信念、成见以及假设、规则，无论是对自己还是他人，以及周围的世界，它们无时无刻不在影响我们的思考与行动。

例如，如果你认为自己数学不好，无形之中，你就会产生畏难情绪，在学习数学时不会全力以赴，结果，你果真发现自己学不好，这会进一步增强你的观念，以后就更有借口了。

再如，很多人认为自己老了，学不动了，其实这也是一种自我设限。当你有了这种念头之后，你的大脑就会在你的注意力系统里面设置一个标签，它会影响你的行为与思考，让你真的感觉学不动了。

相反，如果你没有这一设限，认为自己有各种可能，你就会全力以赴，自然也就有了无限可能。所以，不要自我设限，要以开放的心态，去发掘自己的最高潜能。

2. 遽下定论

因为我们内心存在诸多的信念、假设与成见，它们如此根深蒂固，以至于我们看到一些东西后，几乎不假思索马上就得出一个结论。比如：

- "这个东西就是这样的……"
- "他做事情总是这么拖拖拉拉的……"
- "这个东西对我没有什么用……"
- "这个东西我已经见过了，并不新鲜……"

这些结论是受到我们既有心智模式的影响而形成的，如果遽下定论，就没有机会对其进行反思和改进，我们就会成为自己心智的囚徒。

许多人可能认为快速决断是有能力、敢担当、有效率的体现，但是，面对复杂的世界，这一论断并不是绝对的。事实上，领导者真正的难题在于平衡决策的质量和效率。除非在特别紧迫的情况下，哪怕凭直觉或扔骰子都可以马上做出决定，但是，如果有时间，还是应该尽可能提高决策的质量，尤其是特别复杂、重大的决策，决策质量更是优先于决策效率。就像彼得·圣吉所说：缺乏整体思考的积极主动，经常导致对策比问题更糟糕。因此，对于一些重要决定，我们应该放慢思考的脚步，三思而后行。

3. 局限思考

虽然我们都认可要有大局观，要换位思考，要多赢，但在现实生活中，从自己的本位出发、局限思考几乎堪称人类思维的天性之一。

首先，人的基本需求是生存，而与人们生存最为紧密相关的就是其身处的周边世界。为了维持生存，人的本能是密切地关注自己本位周边的危险信号。离我们比较远的信息，要么不可得或信号微弱，要么没有那么迫切或重要，我们通常并不会优先处理。因此，本位主义、局限思考在某种程度上是人保护自我的本性使然。

其次，本位思考也与信息的对称、公开透明存在一定联系，是人的认知系统内一系列过程或要素相互影响或作用的结果（见图2-4）。简言之，人们获取"本地"信息更加容易，获得的本地信息越多，对本地的认知就越多，就会逐渐形成强烈的本地信念，从而更加关注本地信息（见图2-4中R1）。⊖ 与此同时，出于获取全局信息的局限性，人们获取不到足够的全局信息，无法建立全局信念，而本地信念的强化又进一步削弱了人们对全局信息的关注，使得人们获取全局信息的能力被削弱，更加无法获取充足的全局信息（见图2-4中R2）。逐渐地，人们便形成了牢不可破的局限思考模式。

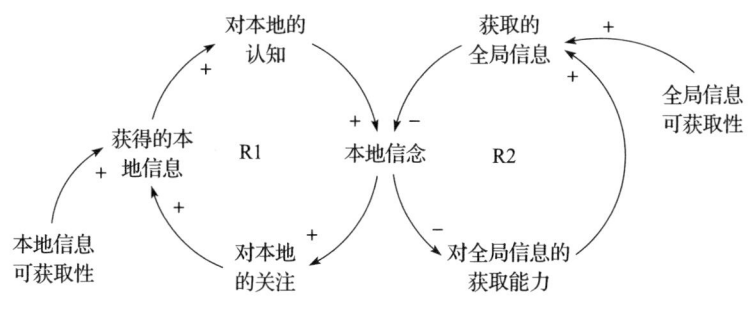

图2-4 局限思考的成因分析

为了打破局限思考模式，看到系统中的其他部分乃至全局和整体，我们一方面需要增加对全局的关注，想一想系统中其他人会看到什么、得出什么结论、采取什么行动，同时，通过

⊖ 在这里，"本地"指的是那些在时空上与我们更为接近的事物，即从空间上"与我们紧邻的事物"、从时间上"在不久的过去和将来"。

学习并应用系统思考的技能和方法，比如我发明的"思考的罗盘"，看到构成系统的各个实体之间的互动与联系，乃至系统全局与整体的结构，也有助于打破"盲人摸象"或本位主义的窘境。[一]此外，组织领导者也要采取措施，通过加强沟通、打破壁垒，促进信息开放，降低组织成员获取全局信息的难度。

4. 以我为尊

在哈佛大学成人发展和学习领域专家罗伯特·凯根看来，年幼时，人们理解世界的方式非常简单；其后，逐渐看到并了解到世界原来蕴含着许多丰富而细微的渐变的部分，当我们意识到这一点时，便会开始质疑自己过去的假设。到青少年时代，人们慢慢养成了"以我为尊"的心智结构，主要表现为：只能接受自己的观点，别人的观点是神秘、看不透的，故仅能用自己看到的信息推断他人的意图；同时，人们理解世界的价值观主要依靠外在的规章制度或来自权威的教导；当两个外在权威不一致时，会产生挫败感，但不会造成内心的矛盾。虽然上述心智结构多出现在青少年身上，但也有少量成年人持有类似的心智层次。[二]

如果你只在乎自己的感受，无法理解他人的观点，相信"我是对的""事情就应该这样……""我想要……"，你的心智结

[一] 邱昭良. 如何系统思考［M］. 2版. 北京：机械工业出版社，2021.
[二] 贝格. 领导者的意识进化：迈向复杂世界的心智成长［M］. 陈颖坚，译. 北京：北京师范大学出版社，2017.

构就可能处于"以我为尊"的层次上。这样,你就无法有效地学习,甚至无法顺畅地参与团队合作。

为了更好地适应复杂的世界,我们需要学习理解他人的观点,驾驭无所不在的冲突,形成自己可以掌控的评价原则与信念体系,而且能够对其持续进行反思、优化,从而促进个人心智结构的成长。

5.墨守成规

在罗伯特·凯根看来,大多数成年人的心智结构都是"规范主导"的,具体表现为:他们可以接纳他人的见解,被他人影响或被环境同化,但是,他们决策的依据主要来自对他人价值观、原则或角色的内化。换言之,他们会以外部(他人、群体)的观点来看待世界、判断对错、做出取舍。即便他们认为那是自己的观点,但它们实际上仍然来自外部的人员、群体或机构。

由于这些信念或规则根深蒂固,很多人变得墨守成规,这也不行、那也不能,拒绝或排斥一切新的思想或做法,即便是环境变了,他们依然按照原有的规则行事,这样就难以创新与变革。

对此,我认为大家应该意识到三点:① 每一个规则都有其适用范围或前提条件,最好能够将这些条件明确列出来,以提醒自己;② 如果条件变了,规则也可以或者应该调整;③ 在应用规则的时候,应该透过现象看到本质,想清楚它的目的和精髓，因为规则是人定的，形式要服务于目的，不要教条化或"本本主义"。

6. 归罪于外

在职场中，每个人都希望自己是称职的，都认为尽心尽力是美德，如果自己尽力了，那么，当出现问题之后，很多人的第一反应就是"这不是我的错""一定是其他人的责任"。虽然我们不排除对于某个具体问题，你的确可能是没有责任的，但是，如果对于任何事情都采取这种"归罪于外"的策略，就会失去反思自我、寻找和改进自身不足的学习机会。

因此，要想产生学习与创新，需要像荀子所说的那样："见善，修然必以自存也；见不善，愀然必以自省也。"（《荀子·修身》）见到善的行为，一定要认真地反思、检查自己是否有这类行为；见到不善的行为，一定要严肃地检讨自己是否也有类似行为。多反思自我，才能更快地学习；总是指责或抱怨别人，期待他人的改变，自己就很难成长，也可能会很受伤。

7. 非此即彼

在我们身边，有一些人似乎生活在"二元世界"里，认为事物都是非黑即白、非此即彼的，他们总是要分清对错，区分你我，辨出黑白、美丑、善恶、忠奸。但是，我们所在的世界是复杂的，在黑与白之间存在着各种不同程度的灰。就像贝格所说：黑与白之间是由一连串不同程度的灰度组成的连续过渡体，黑与白创造出了灰，但在很多方面，它们相互创造出了彼此。

因此，我们要善于欣赏并接纳别人的观点，尤其是不符合自己预期的观点，学会容纳灰度与模糊性，在保持独立思考的同时，兼容并蓄，看到黑与白之间存在着各种各样的灰度。事实上，所谓成长，不仅是获取新的技巧或知识，更在于思考方式的转变，以及看到世界"复杂性"的能力的提升。

8. 专注于个别事件

如上所述，出于生存的需要，人们不仅更加关注周边的本位信息，而且更加注重短期内的事件。由于时间就像一条永不停息的河流，各种各样的事件也会持续不断地扑面而来，因此，大多数人会被各种事件的洪流裹挟，应接不暇，就像彼得·圣吉所说：我们都有一种惯性思维，即把生命看成一系列分立的事件，而且每一个事件都应该有一个显而易见的起因。如果大家的思想都被短期事件主导，那么一个组织就不可能持续地进行更富创造性的生成性学习。[一]

为了克服这一组织学习智障，人们需要掌握系统思考的技能，既要透过现象看到本质（也就是驱动系统行为动态背后的关键要素及其关联关系），也要从具体的事件中抽离出来，拉长关注的时间范围，看到相关事件背后隐藏的长期的（有可能是

[一] 圣吉. 第五项修炼：学习型组织的艺术与实践［M］. 张成林，译. 北京：中信出版社，2018.

缓慢的、渐进的）规律、趋势或模式。[1]

9. 片面思考

为了生存，面对外界的状况，人们要快速做出反应。为此，在多数情况下，人们只能基于自己的经验、习惯，以及头脑中已经熟悉的模型、程序来进行思考、决策，久而久之，就容易形成片面思考的弊病。就像荀子所说："凡人之患，蔽于一曲，而闇于大理……故为蔽：欲为蔽，恶为蔽，始为蔽，终为蔽，远为蔽，近为蔽，博为蔽，浅为蔽，古为蔽，今为蔽。凡万物异则莫不相为蔽，此心术之公患也。"（《荀子·解蔽》）意思就是说：大凡人的毛病，就是被事物的某一个局部或侧面所蒙蔽，而看不到全局或者明白整体的道理。那么，什么东西会使人们被蒙蔽呢？欲望会造成蒙蔽，让人爱屋及乌、"情人眼里出西施"，憎恶也会造成蒙蔽，让人"一叶障目，不见泰山"；只看到开始会造成蒙蔽，让人产生错觉或误导；只看到终了会造成蒙蔽，让人忽略中间过程中可能出现的各种异常状况；只看到远处会造成蒙蔽，让人缺乏对细节的了解；只看到近处也会造成蒙蔽，让人看不清大局和整体；经历广博会造成蒙蔽，让人自以为是或多疑；经历少也会造成蒙蔽，让人难以把握本质或关键；只关注过去会造成蒙蔽，让人忽视现在的状况；只关注现在会造成蒙蔽，让人无法以史为鉴，应对不当。事实上，大凡事物都有不同的对立面，无不会交互、造成蒙蔽，这是思想方法上一个普遍的祸害。

---

[1] 邱昭良. 如何系统思考 [M]. 2 版. 北京：机械工业出版社，2021.

的确，只要我们还没有开悟、成为圣人，我们的思维中就会有各种各样的"蔽"，无时无刻不受到蒙蔽。那么，到底怎样才能解除"蔽"呢？

《荀子·解蔽》中指出："圣人知心术之患，见蔽塞之祸，故无欲、无恶、无始、无终、无近、无远、无博、无浅、无古、无今，兼陈万物而中县衡焉。是故众异不得相蔽以乱其伦也。"意思就是说：圣明的人知道思想方法上的毛病，能够看到被蒙蔽的祸害，所以，他们既不只让爱好支配自己，也不只让憎恶支配自己；既不只看到开始，也不只看到终了；既不只看到近处，也不只看到远处；既不只注重广博，也不会安于浅陋；既不只了解过去的做法，也不只知道现在的做法。他们同时摆出各种事物，看到事物的各个方面，并根据一定的标准进行权衡。这样，他们就能搞清楚众多的差异与对立面，不让它们互相掩盖，乱了条理。

对照现代成人发展心理学的研究可以看出，这样的人具备了自主导向以及内观自变的心智结构，可以应对真正的复杂性。[一]

10. 习而不察

在《第五项修炼：学习型组织的艺术与实践》一书中，彼得·圣吉通过"温水煮青蛙"的寓言告诉我们，对于环境中突

[一] 贝格. 领导者的意识进化：迈向复杂世界的心智成长 [M]. 陈颖坚, 译. 北京：北京师范大学出版社，2017.

发的剧烈变化，人们可以觉察并做出反应，但对于缓慢、渐进的改变，却有可能习而不察。如果不能留意到那些微弱但是可能致命的变化趋势，我们就有可能成为那只沉浸在温柔乡、被慢慢煮死的青蛙。

虽然有些人对这个寓言不以为然，甚至认为它有些耸人听闻，但是，如果你了解了心智模式的运作机理及其特性后就会知道，这并非危言耸听，而是真实存在，它可能正发生在我们每个人身上。

就像组织学习大师克里斯·阿吉里斯所说，绝大多数人从幼年时期就开始学习应用Ⅰ型实用理论，即单方面地控制局面，采用推销或劝说的策略，争取得到他人的支持，甚至会使用一些所谓"善意的谎言"加以掩饰，"给自己面子也给人面子"。但是，这样的策略不可避免地会使人陷入窘境和矛盾之中，不仅误解、曲解别人的行为，也会令自己疲惫不堪、自我封闭。到了成年之后，他们更加纯熟地应用这类理论，却经常陷入无法达成目标的境地。因此，在阿吉里斯看来，他们之所以陷入"无能"的境地，恰恰就是因为他们太熟练地使用Ⅰ型实用理论，因此，他将其称为"熟练的无能"（skilled incompetence）。㊀

要想摆脱"熟练的无能"，让自己有一双敏锐的眼睛，就需要主动觉察到隐而不见的深层次行动模式和基本假设，学习从

㊀ 阿吉里斯. 克服组织防卫[M]. 郭旭力，鲜红霞，译. 北京：中国人民大学出版社，2007.

不同视角观察事物，运用多种逻辑、价值观念及偏好进行全方位解读、睿智决策，通过检视、反思行动的结果，促进心智模式的改善。

11. 习惯性防卫

在阿吉里斯看来，人的头脑中有两套指导人们思考与行动的程序：一是我们"信奉的理论"，也就是我们认为什么是对的、什么是错的这样一些价值判断的标准；二是"践行的理论"，也就是实际指导我们行动的价值标准或原则。两者并非完全一致。比如，有的领导口头上说"欢迎大家畅所欲言"，甚至他们自己内心也是这么认为的，但是，在实际会议上，听到和自己不一致的意见时就批评或打断别人。

但是，传统价值观认为，人要言行如一。因此，如果"践行的理论"和"信奉的理论"不一致，人们就会找出一些理由去解释或掩饰这些不一致，甚至对这些掩饰的行为进行掩饰。阿吉里斯将这种行为称为"习惯性防卫"，它就像一层坚硬的"壳"，让我们难以反思，难以觉察自己深层次的内在不一致，也就难以进行深刻的学习与创新。

对此，罗伯特·凯根也有类似观点。他的研究发现，人和组织的变革之所以这么难，是因为我们内心存在两套相互矛盾的期望，一套是我们期望的改变，例如"对孩子要多些陪伴""对下属要多些耐心""要坚持锻炼"，另外一套是隐藏得更深的期望，或者对痛点的逃避，比如"自己要在工作上投入更

多的精力""担心孩子不够优秀""不要输在起跑线上"……这种内在心理结构上的矛盾或冲突,经常导致变革的失败。[注]

要克服习惯性防卫的影响是非常困难的,需要经过长期的努力、深层次的反思。

12. 不良心态

毕加索曾讲过:每个孩子都是天生艺术家。但是,为什么长大以后,许多人的创造力就逐渐丧失了呢?在我看来,原因之一就是,随着我们阅历与经验的增加,我们的好奇心在降低,再加上成年人有了"面子"意识,为了保护自己的面子或者顾及他人的面子,不再提出问题、尝试新的做法,这些不良心态是创新与学习的大敌。因为只有不怕失败,人们才愿意尝试新的做法。相反,如果害怕失败,或者对学习或创新有过负面体验,就会让人畏首畏尾,选择更为稳妥的模式,照章办事,或者抱有"宁可不做,不可做错"的心态。

事实上,就像著名心理学家乔纳森·海特所讲:我们每个人的大脑中都住着一头大象和一个骑象人。大象是我们大脑中自动化处理的系统,包括人的内心感觉、本能反应、情绪和直觉等;骑象人则是有意识地思考,理性控制过程。在大多数情况下,这两套系统能和谐共处,但因为它们具有不同的特性,有时也会发生冲突。若发生冲突,取胜的毫无疑问是大象。如

[注] 凯根,拉海. 变革为何这样难 [M]. 韩波,译. 北京:中国人民大学出版社,2010.

果我们被情绪所控制,就很难进行客观、理性的思考。[一]

因此,很多优秀的企业都非常重视甄选,招聘勇于创新、积极进取的学习型人才,并营造开放、平等、自由、鼓励创新、宽容失败的文化氛围,以此来保护和培养员工健康的学习心态。

思考与练习

1. 在我看来,只有深刻地理解了心智模式,才能充分释放学习与创新的活力。那么,什么是心智模式?谈谈你的理解。
2. 心智模式与个人学习紧密关联。请思考:心智模式与学习有什么关系?心智模式是如何形成的?它如何影响或作用于我们每个人的学习?搞清楚心智模式的作用机理,有助于我们找到优化自己学习力的着力点。
3. 请参考书中标准,测试一下自己的心态如何,并参考测试结果进行反思:你是成长型心态,还是固定型心态?如果是后者,它是否影响了你的学习与成长?
4. 对于你来说,心态的开放程度如何?应该如何改进?
5. 对于你个人来说,你认为存在哪些影响学习的障碍性心智模式?

[一] 海特. 象与骑象人 [M]. 李静瑶,译. 北京:中国人民大学出版社,2008.

CHAPTER 3

第 3 章

明确目标

最近，李天丰心里比较乱。实习结束之后，自己被指派为售前技术支持。这个岗位需要很多专业知识，不仅要了解本公司产品的特性、技术规格，还得了解用户的需求、应用场景以及竞争对手的信息，做出有竞争力的解决方案。尽管自己在大学期间学的是理工科，但课本上的知识和客户真正需要的解决方案真的不是一回事儿。为此，李天丰花了很多时间，查资料、看以前客户的投标方案、请教有经验的高手，几乎可以说是连滚带爬，总算有了些感觉，可以自己上手了，不过感觉还有很多可学的。

可是，前几天部门领导老高找李天丰谈话，说公司近期销售压力大，需要拓展更多的客户，问他愿不愿意考虑转岗做销售。

李天丰知道，销售与售前技术支持是两个性质不同的岗位，前者要更多地和客户打交道，后者更加偏重专业或技术导向。

"要不要转岗？是应该把现在的岗位进一步做好，做成专家，还是转到新岗位上，接受新挑战，锻炼新技能？要是转岗的话，我能行吗？"李天丰陷入了沉思。

成为领域专家的第二次跃迁：固沙培土

在完成了第一次跃迁"碎石为沙"之后，要成为领域专家，你还要"打理"自己的"心田"。那么，怎么将一片浩瀚的流沙转化成肥沃、丰产的良田呢？

借鉴人类治沙的经验，我认为，要从一片流沙中培育出良田，首先需要扎草方、"固沙"；其次，选择一小块沙地，播下"种子"或移植"幼苗"，悉心培育，使其逐渐转化为有一定营养成分、不散也不板结的块状物，即"土"。"有一定营养成分"指的是相关成分配比适当，能支撑作物的成长；"不散"指的是有一定的结构和关联；"不板结"指的是不封闭，可以吸收、接纳新的元素。伴随着幼苗的壮大，慢慢改良土壤的质量，扩大土地的面积，就可以种下更多的"种子"、幼苗……这样，一块接着一块，不断延展、加宽、变厚。经过一定时间的积累，就会形成丰厚肥沃的土壤。

因此，要打理你的"心田"，需回答如下五个问题：

- 面对人类无垠的知识海洋，你到底从哪里开始？
- 对于你准备在其中安身立命的领域，它的总体知识框架是什么样的？它有哪些关键构成要素，这些要素之间的关联关系是怎样的？
- 你现在已经掌握了哪些知识或技能？
- 要想成为领域专家，你面临的主要障碍（或差距）、挑战是什么？
- 你准备采用什么样的策略去应对这些挑战，弥补这些差距？有哪些可以借助的资源或条件？

借鉴上述行之有效的"治沙"智慧，按照成为领域专家的"石－沙－土－林"隐喻，要想实现第二次跃迁"固沙培土"，建构起自己的知识体系，你需要掌握下列五项核心技能：

第一，选定你聚焦的领域。

第二，梳理清楚所在领域的知识架构，即该领域的知识由哪些部分构成，它们之间的关联关系是怎样的，就像把沙漠区隔出一个一个方格。

第三，自我评估，设定科学合理的目标。

第四，明确策略，制订具体可行的实施计划。

第五，按照计划，付出努力，一步一个脚印地去实现自己的目标，启动成功的循环（参见第2章），让一个成功带来更多的成功。积累若干小的成功，成就巨大的成功！

不要奢望成为一位通才

英国诗人、政论家约翰·弥尔顿（John Milton，1608—1674）是一位承前启后的人物。在他之前的有识之士，是全知全能的通才；在他之后的学者则是拥有各类专门信息与知识的专才。

为什么这么说呢？因为在弥尔顿那个年代，大英图书馆的总藏书只有不到4万册，基本上囊括了当时人类的全部知识。作为一位渴求各种知识的读者，弥尔顿每天读书2本，到30岁时他已经读了1.5万本，到50岁时他已经读过大英图书馆的大部分图书。

但是，今天，再也不可能出现弥尔顿这样掌握人类大多数领域知识的通才了。

为什么呢？首先，据粗略估计，到2010年，人类已经累积出版了超过1.3亿种图书。⊖要在有生之年读完这些书，肯定是不可能的。

其次，仅主流出版社每年就出版25万种图书，现代"弥尔顿"们要想读完这些书，每天需要读15本书，连续55年，根本没有时间消化每年发表的150万篇学术论文。

因此，在知识爆炸的当今时代，你不要奢望成为一位通才。

事实上，就像俗话所说：隔行如隔山。随着人类社会分工

⊖ https://www.mentalfloss.com/article/85305/how-many-books-have-ever-been-published.

越来越细，每个细分行业都有大量的概念、经验与技能。要想成为专家，你必须聚焦于一个或少数几个细分领域。

如果不能明确自己希望在其中安身立命的细分领域，你就会像2000多年之前庄子那样发出类似感叹："吾生也有涯，而知也无涯。以有涯随无涯，殆已！"（《庄子·养生主》）很显然，每个人的生命是有限的，但知识是无限的、没有边界的，而且在快速更新、拓展，如果没有聚焦，要想用个人有限的生命去追求无限的知识，那肯定是不明智的，也是必然会失败的。

的确，在现实生活中，我们也见过一些所谓"好学"的年轻人，利用几乎一切碎片化时间，通过各种App来学习在线课程或者读书，今天听这个大师讲领导力，明天听那个成功人士分享经验，但是，到头来仍然一事无成。

为什么会这样呢？他们缺的不是努力，那么差在什么地方呢？

我个人认为，要回答这个问题，关键有两点：你是否明确了自己要专注的领域？你是否有明确的目标与策略？

在我看来，要想有所成就，必须明确你所关注的领域。也就是说，什么是你希望钻研、有所建树的知识领域？这就是你安身立命的基点。只有聚焦于一个细分领域，你才比较有可能深入，并有所建树。若兴趣点太多、精力太分散，就可能没有一颗种子成活，因为它们都需要你的呵护，需要你花费时间，而我们每个人的时间和精力是有限的。

就像荀子所说："螾无爪牙之利，筋骨之强，上食埃土，下饮黄泉，用心一也。蟹六跪而二螯，非蛇蟺之穴，无可寄托者，用心躁也。是故无冥冥之志者，无昭昭之明；无惛惛之事者，无赫赫之功。行衢道者不至，事两君者不容。目不能两视而明，耳不能两听而聪。"（《荀子·劝学》）意思就是说，蚯蚓没有锐利的爪子和牙齿，也没有强壮的筋骨，但它向上能吃到泥土，向下可以喝到地下的泉水，这是因为它用心专一；螃蟹有六条腿、两个蟹钳，但如果没有蛇或鳝的洞穴，它就无处栖身，这是因为它用心浮躁。所以，一个人要是没有潜心钻研的精神，就不会有洞察事理的明智；没有默默无闻的工作，就不会有显赫卓著的功绩。行走在歧路上，是到达不了目的地的；同时侍奉两个领导，是不可能被双方所接受的。这就像眼睛不能同时看清楚两样东西，耳朵不能同时听清楚两种声音的道理一样。

所以，荀子说："心枝则无知，倾则不精，贰则疑惑……故知者择一而壹焉。""自古及今，未尝有两而能精者也。"（《荀子·解蔽》）如果你的思想意志分散，就不会有洞察、见识；如果精力倾斜，这儿放一点儿，那儿用一些，就难以精通；如果没有一套自洽的信念体系和价值观标准，不专一，就会疑惑丛生。因此，睿智的人会选定一个方向或道路，专心致志、不懈坚持，这样才会有所成就。自古至今，从来就没有过一心两用却可以都精通的人。

找到自己安身立命的领域

那么，如何找到自己的"冥冥之志"，以便"用心一也"呢？

对此,"刺猬理念"是一个值得参考的实践法则。

英国学者以赛亚·伯林(Isaiah Berlin)引用古希腊谚语"狐狸多机巧,刺猬仅一招",将学者大致分为两类:一类对世界有一个统一的框架和体系,并以这一结构来解决问题(刺猬);另一类则会动用广泛而多样的经验、方法来阐释和解决问题(狐狸),却没有一个框架或统一的观点。虽然二者没有优劣,但在古希腊寓言中,二者高下立见。狐狸很聪明,有很多技能,也善于观察、筹划,能够设计很多复杂的策略向刺猬发动进攻,并且行动迅速,看起来肯定是赢家;刺猬看似笨拙、行动迟缓,但它有拿手的一招,那就是一遇到攻击就蜷缩成一个圆球,浑身的尖刺竖立起来,让敌人无从下口。所以,每一次攻防都是刺猬取胜。

基于类似寓言,管理学家吉姆·柯林斯在《从优秀到卓越》一书中指出,一些实现了从优秀到卓越跨越式发展的公司,都坚持了一个简单而深刻的所谓"刺猬理念"(见图3-1)。

具体来说,它们将战略建立在对以下三个方面的深刻理解之上:

- 你对什么充满热情?
- 你能够在什么方面成为世界上最优秀的?
- 是什么驱动你的经济引擎?

柯林斯认为,实现跨越的公司将这三个方面的理解转化为一个简单而明确的理念来指导所有工作,并长期坚持,就能取得令人瞩目的成绩。虽然柯林斯在这里说的是公司，但我认为这个道理对于个人也是适用的。

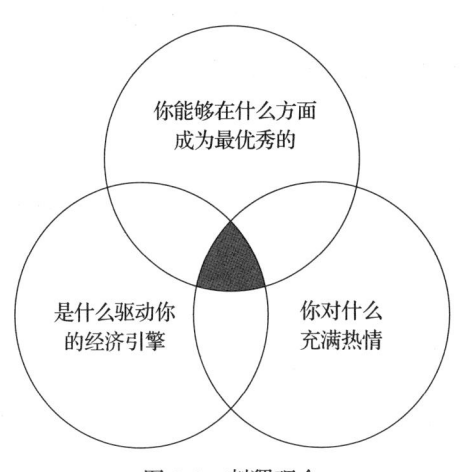

图 3-1　刺猬理念

首先，很显然，哪怕你不能在某些方面做到世界最优，就算做到超过大多数同行，你也可以获得良好的口碑和优秀的绩效。这是个人有所成就的基础。

其次，你所擅长的能力应该可以给你带来丰厚的回报，创造出持久、强劲的现金流和利润。如果你的能力不能创造价值，仅凭爱好和热情，也是不可持续的。

最后，也可能是最为根本或重要的是，你对什么东西充满热情？如果你对某些东西充满热情，你就可以全力以赴，在做事的过程中产生"废寝忘食"的"心流"（flow）体验，这不仅可以让你发展出超出同行的专业能力，而且还有可能取得优异的绩效，获得持续发展所需的机会。

因此，如果你能够在这三环的重叠处努力（见图 3-1），把它转变成一个属于自己的"刺猬理念"，用来指导你的人生选择，你就更有可能实现从优秀到卓越的跨越。

对此，你可以用下列问题来问自己：

- 我对什么东西充满热情？
- 我在哪些方面可以领先于同行，或者超越大多数人？
- 我非常擅长哪些方面？
- 我在哪些方面有天赋？
- 我在哪些方面受过专业的训练或成体系的教育？
- 我在哪些方面有很长时间积累而形成的丰富多样的经验？
- 我干什么事情是有报酬的？
- 我如果做自己喜欢的事情，可以获得经济回报吗？
- 我做这些事情的报酬是可以持续的吗？

写出每道题目的答案之后，看看它们有没有重叠之处？如果有，那么，恭喜你！那就是支撑你人生"开挂"的"刺猬理念"。如果没有，你可能需要做一些权衡，因为缺少了哪一环，你的人生都可能会有缺憾，或者需要做一些调整或取舍：

- 如果你做的是自己喜欢的工作，却不是你擅长的，你很难做到最好或者有竞争力。
- 如果你做的是自己喜欢的工作，却不能给你带来持续的经济回报，也难以长久。

- 如果你做的是可以持续获得回报的工作，但并不是自己真正擅长的，也很难做到优秀。
- 如果你做的不是自己喜欢的，虽然可以帮你谋生，或者你也积累了很多的经验，但你可能并不快乐，总想着哪一天可以去做自己喜欢的事情，所以你也不太可能全力以赴去取得傲人的成就。

因此，我觉得联想集团创始人柳传志的建议值得参考：要是有机会，就去做你喜欢的工作；要是没有选择，就努力喜欢上你正在做的工作。我觉得这个建议很有力量，既要有理想，又不理想主义。

希望你能好好想一想，做出自己的选择。

梳理领域知识框架

在明确了专注的领域之后，你需要搞清楚该领域整体的知识框架，也就是它有哪些关键构成要素，它们之间存在什么样的关联。

在我看来，只有先明确了总体框架，学习起来才能事半功倍。就像你到了一个陌生的城市，要想对这个城市有整体的印象，你必须有一张地图，骑车或者开车把整个城市都转一遍，才能对这个城市建立总体的印象。之后，再选择你感兴趣的街区，细致而深入地逛，并且住上一段时间，搞清楚它细微而生动的变化。只有这样,你才能真正地了解它。否则,在你根本不了解这个城市总体布局的情况下,一头扎进一条小巷,走到这儿,再走到那儿,这样不仅效率低下,而且容易迷失在繁杂的街巷中,即使花了很多时间,也根本无法真正了解这个城市。

就像荀子所说:"小辩不如见端,见端不如见本分。小辩而察,见端而明,本分而理。"(《荀子·非相》)意思就是说,看问题的时候,如果你只是关注一些细节,不如看到它们之间的关联;看到它们之间的关联,不如把握它们在全局和整体中本来应有的位置。关注细节,可以让你明察秋毫;看到事物之间的关联,可以让你明白事情背后的来龙去脉;把握事物在全局和整体中本来应有的位置,可以让你厘清深层次的道。

从这里我们可以看出,先建立整体的架构,看到构成领域知识体系的关键要素及其关联关系,才能真正地明白事物内在的机理。这样,才能有更好的学习效果。事实上,这是一种高效的学习方法,被斯科特·扬称为"整体性学习法"。[一]

如果你现在是新手,对该领域还一无所知,你可以通过以下四种方式先大致建立一个总体印象,之后再逐步进行学习。

1. 找到一位导师

就像荀子所说:"学莫便乎近其人……学之经莫速乎好其

[一] 扬. 如何高效学习[M]. 程冕,译. 北京:机械工业出版社,2013.

人，隆礼次之。"（《荀子·劝学》）也就是说，学习最快速、最便捷的方式就是找到一位老师或真正有修为的高手（当然，如果这个高手又善于教育，那是最理想的）。导师具有整体的知识结构，会指导你高效地学习。

2. 系统学习

参加一个由权威机构或专家主持的培训或学习项目，进行系统化学习，也有助于快速地建构起体系化的知识。比如，你想学习项目管理，那么参加美国项目管理协会（PMI）的项目管理专家（PMP）认证可能就是一个不错的选择；你也可以考虑参加一些高校提供的项目管理方向的硕士课程，或者一些权威机构的项目管理培训。这些都是经过系统设计的学习资源。

3. 从研读经典开始

如果上述资源都不可得，那么你只能依靠自己的力量了。比较稳妥的切入点是从研读经典开始，因为经典本身就说明了它的价值和重要性。一些经典书籍不仅能勾勒出总体框架、提供精华或经过验证的高质量信息，而且还能为你指引后续深入学习的方向。

4. 有计划地进行自学或主题阅读

最后，你可以自行摸索、制订一项系统的学习计划或者主题阅读计划，即围绕一个主题，选择一些相关的经典书籍，进行系统化阅读,并深入学习,争取把这个主题理解完整、透彻,或者根据指导,制订并实施一个分步骤、分阶段的学习计划。

打造个人能力的六部曲

在梳理清楚了领域总体知识架构之后,你需要采取实际行动,打造个人能力。这将是一个漫长而复杂的过程。

在《原则》一书中,瑞·达利欧提出了个人进化的五个步骤(见图3-2):

- 明确你的目标。
- 找到阻碍你实现目标的问题,并且不容忍问题。
- 准确诊断问题,找到问题的根源。
- 规划可以解决问题的方案。
- 做一切必要的事来践行这些方案,实现目标。

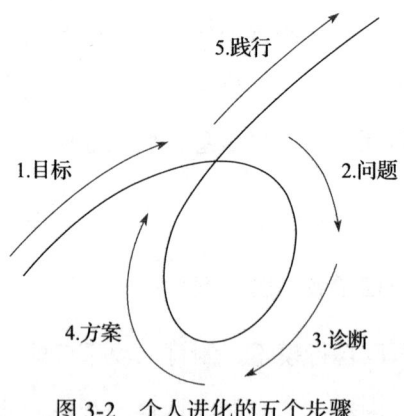

图3-2 个人进化的五个步骤

第 3 章 明确目标

这是一个循环,当你执行了设计好的方案,取得了一定进展和成果之后,要重新校准目标,重复这一过程。

在我看来,如果你能把这一过程的每一步都做到位,并且使得每个阶段性的小目标之间保持一致,就是在践行彼得·圣吉所讲的"自我超越"(personal mastery)这一项修炼。所谓自我超越,就是持续培养自我实现的能力,以创造自己真心想要的未来。自我超越源自我们每个人内心深处对未来的热望,是个人持续学习与成长的过程,也是学习型组织的精神基础。

如上所述,成为领域专家也是个人不断提升自我、超越自我的过程,即便你现在已经是某一领域的专家,也要持续学习和提升,这是一个终身学习之旅。

根据我的经验,我认为,自我超越这一项修炼是一个永无止境的过程,它包括以下六个要素(见图 3-3)。

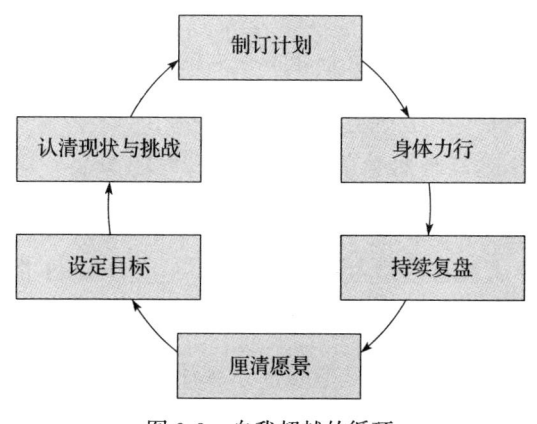

图 3-3 自我超越的循环

1. 厘清愿景

彼得·圣吉指出，要践行"自我超越"这项修炼包括两个部分：首先，不断澄清个人使命与愿景；其次，不断地学习如何更清晰地观察现实。事实上，就像你双手自上而下撑开一根橡皮筋，使命与愿景就是上面那只手，现实就是下面那只手；你的愿景越宏大，与现实的差距越大，橡皮筋的张力也就越强。如果你能坚定地坚持你的愿景，二者之间的差距所引发的创造性张力，就会牵引你去改变现状，使现实逐渐靠近你的愿景。自我超越这项修炼的精髓，就在于让我们在工作与生活中不断产生并保持这种创造性张力（见图3-4）。

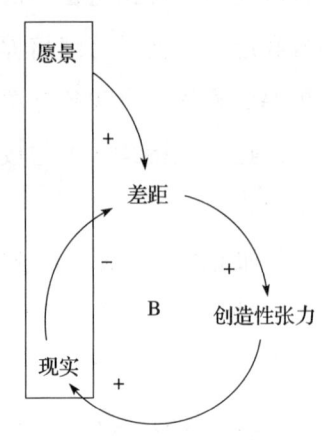

图3-4 愿景能产生改变现实的创造性张力

事实上，愿景的力量是非常强大的。从飞天梦想到登月计划，我们人类就是靠着愿景的引领，才取得了今天的伟大成就。在我看来，热爱与愿景就是人类创造力的源泉。这里所讲的"热爱"，指的是一种可以令人沉迷其中、难以自拔的事物或力量。它是个人拥有创造力的关键所在。这里所说的"愿景"，是发自内心深处最热切、最真挚、最渴望实现的未来景象。它源自个人的热爱和使命，又是明确、具体、栩栩如生的，为你的努力提供方向指引。事实上，如果你的热情只是一个笼统的想法，没有清晰的愿景，那很可能它只是一个愿望或想法，难以产生引领变革的作用。

因此，在确定了安身立命的专业领域之后，你要认真地思索，向内心深处探求，明确自己的使命，并想象一下，你的使命达成以后，会是一幅什么样的景象？让你的愿景慢慢沉淀、结晶，并清晰地表达出来，它将为你的发展发挥巨大作用。

2. 设定目标

由于愿景是激励我们努力的远景，它与当前的现状往往相差甚远（这其实就是愿景的特性之一，因为如果愿景与现状差别很小，它就很难产生巨大的改变动力），很难一蹴而就。因此，我们应该设定明确、具体的阶段性目标。

就像荀子所说："三尺之岸而虚车不能登也，百仞之山任负车登焉，何则？陵迟故也。数仞之墙而民不踰也，百仞之山而竖子冯而游焉，陵迟故也。"（《荀子·宥坐》）意思是说，三尺高的陡坡，就是一辆空车也拉不上去；但是，百丈高的山丘，即使是载重的大车都能拉上去。为什么呢？这是因为山的坡度比较平缓。几丈高的墙，就是运动高手也翻不过去；但是，百丈高的山，就连小孩子也能登上去游玩。这也是因为坡度平缓的缘故。

它告诉我们，要想实现宏大的愿景，必须慢慢来，设定一个个切实可行的目标。没有目标，就没有方向，遇到一些岔路或选择，就难以抉择。目标过于宏大，也很难下手。相反，有了切实可行的具体目标，就很容易让人想出办法，克服障碍，走到目标点。这样就能一步步地实现愿景。

3. 认清现状与挑战

定好明确的目标之后，你需要认清现状，找准起点，这样就可以确定现状与目标之间的差距，包括实现目标过程中需要应对的挑战。

虽然有人认为这一步很简单，但说实话，对大多数人而言，要全面、客观地认识自己，非常困难。就像老子在《道德经》中所讲："知人者智，自知者明。"彼得·圣吉也曾指出："从某种意义上讲，澄清愿景是自我超越修炼中较为容易的一个方面，对许多人来说，面对现实才是更艰难的挑战。"

那么，应该怎么认清现状与挑战呢？基于实践经验，我认为具体操作流程大致包括如下四步（见表3-1）：

第一，根据目标，梳理明确实现目标所需的技能和条件。

第二，对现状进行评估，看看自己哪些已经具备，哪些尚未具备。

第三，明确现状与目标之间的差距或需要应对的挑战。

第四，确定弥补差距或应对挑战的对策，也就是说，通过什么途径、采取什么方式可以弥补这些差距。

第3章 明确目标

表 3-1 现状评估和挑战分析表（模板）

实现目标所需的技能和条件	现状	差距	对策

例如，对于李天丰来说，经过权衡，他决定把握住领导给的这次机会，从售前技术支持转岗到销售，近期目标是在1～2年内成为一名合格的销售。长远来说，他希望成为一名精通业务的管理者。虽然他之前作为售前技术支持，曾经参与过一些项目的销售，但当时他只是一个旁观者，加上之前自己从未接触过销售工作，因此，对自己来说，这将是一个巨大的挑战。对照销售经理的职责，李天丰列出了做销售所需具备的技能，也客观地评估了自己目前的状况，明确了差距以及解决问题的对策（见表 3-2）。

表 3-2 现状评估和挑战分析表（范例）

实现目标所需的技能和条件	现状	差距	对策
行业趋势洞察与竞争分析	与售前技术支持相关，已具备一定基础	◕	干中学
客户分析	与售前技术支持相关，已具备一定基础，但视角与侧重点有差异	◐	干中学
销售线索管理	未曾接触	○	看书、请教高手
解决方案的能力	与售前技术支持相关，已具备一定基础	◕	干中学

（续）

实现目标所需的技能和条件	现状	差距	对策
谈判技巧	未曾接触	○	学习在线学习课程、参加培训班
人际能力	需要重点训练、强化	◔	复盘、请教高手
领导素养	未曾接触	○	系统地学习，包括读书、学习在线课程、参加培训班、复盘、请教高手

4. 制订计划

在确定了弥补差距或应对挑战的策略之后，你需要将这些策略分解为具体可行的操作步骤和措施，并综合考虑相关资源和自己的精力，确定开始时间与结束时间。

制订行动计划，可以参考"行动计划表（模板）"（见表3-3）。

表3-3 行动计划表（模板）

行动举措	预期成果	开始时间	完成时间

5. 身体力行

就像荀子所说："道虽迩，不行不至；事虽小，不为不成。"（《荀子·修身》）有了行动计划之后，就要采取实际行动，落实各项措施。

需要提醒的是，现实生活是纷繁复杂的，很少有计划可以一成不变地执行，其中总是充满了各种变化。对此，应该及时监控各方面的状况，灵活调整。

此外，职场人士工作繁忙，虽然工作也是学习与成长的途径之一，但是对大多数人来说，在繁忙的工作之余，坚守自己的目标，实现刻意练习与系统学习，的确需要很强的自律精神和坚持不懈的毅力。

6. 持续复盘

人们经常说"计划赶不上变化"，同时，随着计划的实施，你的能力会增长，各方面的状况与条件也会变化，无论是愿景与目标，还是实现目标的策略与计划，你都要进行重新评估。对此，你可以对自己的成长与计划的实施情况进行定期复盘，及时迭代与调整（参见第5章）。

厘清个人使命和愿景

1. 找到人生的最高目标

许多人都听说过这样一句话：有时候，选择比努力更重要。的确，我们每个人的生活都充满了各种各样的机会与变数，在面临重大方向抉择时，如果选择不当，事后根本没有地方去买"后悔药"，人生也不可能假设或重新来过。但是，说实话，在选择的那个当口，谁也无法预测或知道对错。

那么，做决策时有没有什么参照标准呢？

在我看来，我们的人生就像一条单程的旅程，每个人从生下来的那一天就在向着死亡迈进。因此，你人生旅程的终点在哪里？你在濒临死亡时，希望自己创造了哪些东西？你为什么东西而骄傲和自豪？这些东西就是我们人生的意义，它也是指引我们做出选择的最为重要的根本，就像北极星，指引着我们在漫漫暗夜中前行。

对此，苏联作家尼古拉·奥斯特洛夫斯基在小说《钢铁是怎样炼成的》中借主人翁保尔·柯察金的口说："人最宝贵的东西是生命，生命对每个人来说只有一次，人的一生应当这样度过：当他回首往事时，不因虚度年华而悔恨，也不因碌碌无为而羞愧。这样，在他临死的时候就能够说：'我把整个生命和全部精力都献给了世界上最壮丽的事业——为人类的解放而奋斗。'我们必须抓紧时间生活，因为即使是一场暴病或意外都可能终止生命。"在我看来，即便我们个人生命的意义并不是如此高远，但是，如果你能明白自己的人生使命，知道自己这一生为何而活，清楚自己想要创造的意义，也算是没有白活。真正的人生是明白自己为什么而活，并为此集中自己的精力，付出努力。这样的人生才是有价值的，充满了内在的喜乐，就像剧作家萧伯纳所说："人生真正的喜乐，是为了你自己所认定的伟大目的而活。"中国伟大的思想家、教育家孔子也曾讲过："朝闻道，夕死足矣。"

第 3 章 明确目标

就我个人的经历来看,在 28 岁之前,我的求学、就业等抉择都是根据机会、自己当时的喜好而做出的。但是,在 1998 年,我找到了个人使命,许了一个愿:致力于学习型组织在中国的研究与实践,让学习助力企业持续成长。其后,这个愿一直牵引着我个人的学习与工作,让我在学习型组织这个领域专注地耕耘了二十余年。因为这是我个人喜欢的领域,是个人的选择,所以即便学习、钻研看起来枯燥,但我并不这么认为,我反而能感受到那种真正的喜乐和持久的力量,不管遇到什么困难,付出多大努力,我都能一如既往地坚持。

因此,我认为,要想成为领域专家,找到你专注的领域("心田"),明确个人使命与愿景,是至关重要的。同时,由于每个人的生命都是有限的,越早找到自己人生的使命与愿景越好。

那么,如何才能找到自己的人生使命呢?

说实话,这是非常微妙而困难的,就像"开悟"一样,从来就没有什么标准答案,也没有什么标准程序、公式或配方。事实上,每个人的答案很可能独一无二,因为每个生命都是独特的,成长环境与路径也不同,人生的意义与使命也是如此。因此,要找到自己的人生使命,只能"向内求"。就像迈克尔·雷在《最高目标》一书中引用的心理学家荣格的话:"只有在内心寻找,你的愿景才会清晰。在外寻找是梦想,在内寻找才是清醒。"

所谓"向内求",在我看来,就是要找到自己喜欢而又有意义的事情,识别出其中蕴含的让你感到伟大、让你充满信心与热情的价值，就像心中的光芒。为此，我认为，你也许可以通过做如下两个练习，来寻找自己的最高使命。

练习 3-1　最有意义的事

你的人生使命存在于你能感知到的意义之中。一定是你感兴趣、你觉得有意义的事，尤其是让你觉得自己能感受到一束光或者整个人都感到温暖的那种感觉。

为此，你可以回想并列出上个月你做过的最有意义的事情：_____。

用你的内心去感受这件事情，而不是理性地分析，并问自己："为什么这件事对我很重要、很有意义？"因为_____。

然后，再问自己："为什么这个理由对我很重要、很有意义？"因为_____。

继续追问："为什么这对我很重要？"因为_____。

....

直到得出一个字或词：_____。

看看这个你发自内心感受到有意义或有价值的字或词，想一想它会如何影响你的生活。

请完成以下的句子：我人生的意义在于_____。

坦率地说，我不否认从某件具体的事情上有可能找出其中蕴含的人生使命，但是，这种可能性并不大，因为某件具体事情的影响因素众多，其中也包含着很多意义，要想从其中找出你最为珍视的价值观和人生使命，的确难度很大。因此，如果你能经常做类似的反思，对于你找到自己的人生使命应该是有帮助的。

除此之外，我们还可以对自己的人生历程进行反思，从中找到线索。因为人生使命并不会凭空而来，它是基于你的成长环境、各种机缘和经历，慢慢沉淀形成的，因此，它可能已经存在于你过往的生命历程中了。

练习3-2 人生历程反思与使命八问

不同于对近期"最有意义的事"的反思，人生历程反思要回顾自己从童年到现在数十年的人生历程，找出最满意和最不满意的若干重大选择，然后借助我发明的"使命八问"，进行深入、全面的反思。

这一练习分为以下四步。

第一步，按年龄段回顾发生在自己身上、对自己有重要影响或重大意义的事件，评估自己当时的情绪或满意度，将其定位到人生历程图相应的位置上（见图3-5）。

第二步，标出到目前为止你满意度最高的五件事，分别思考：那时是什么样的状况？发生了哪些事情？你的感受是什么？对你有哪些影响？为什么你会觉得满意？

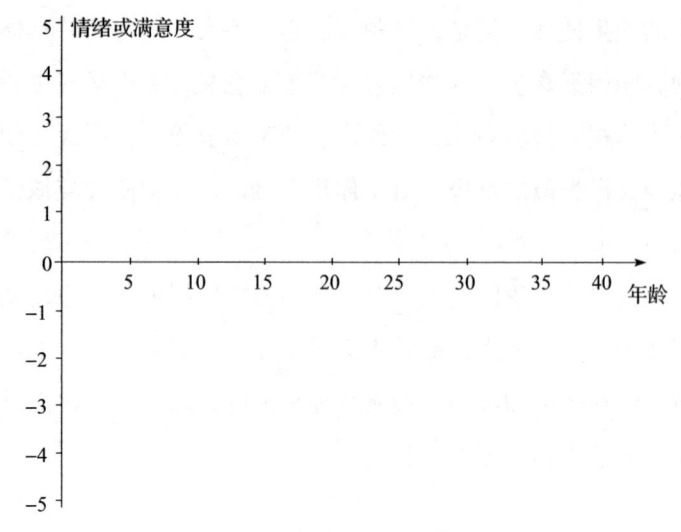

图 3-5 人生历程图（模板）

第三步，回顾到目前为止你满意度最低的五件事，分别思考：那时是什么样的状况？发生了哪些事情？你的感受是什么？对你有哪些影响？为什么你会觉得满意？

第四步，基于上述三步的梳理，进行整体反思，尝试回答如下八个问题（"使命八问"）：

- 我是什么样的人？
- 我有哪些专长？
- 让我感到兴奋或幸福的是什么？
- 让我感到不开心或不幸福的是什么？
- 我生活中所做重要选择的原因是什么？
- 我想要创造的是什么？

- 什么是未来可持续的？
- 我未来的渴望/最高潜能是什么？

基于整体反思，看看能否发掘出隐藏于自己人生历程中的个人使命。

2. 从人生使命到愿景

彼得·圣吉指出，真正的愿景不能离开"目的"去孤立地理解。目的是个人对"为什么活着"这个问题的领悟，类似一种方向，是抽象的、基本的；愿景则是特定的目的地，是你渴望实现的未来景象，是具体、明确的。

基于实践经验，在厘清个人愿景时，要注意以下六项原则：

- 愿景是你爬到山顶（或"终局"）时的景象，而非中间过程、状态或手段。比如说"我想赚多少钱"，这只是一个手段，并非愿景，因为它无法体现当你如果真的赚了那么多钱之后会如何。
- 愿景是你发自内心真正想要的，是你即使克服重重艰难险阻也要实现的，而不只是想想而已，或者"最好怎样""有了更好"的欲求。
- 愿景是"你"主动想要的，而非别人希望你如何，或者自己被迫如何、不想怎么样，因为这些依赖于外在条件的期望，并非源自个人的内驱力。

- 在设定愿景时，不能只考虑个人的利益，一定要顾及它对于他人的价值，因为我们每个人都不可能生活在真空中，只考虑个人利益而不顾及他人，这不仅是虚妄的，在实施过程中也很可能困难重重。
- 愿景要有洞察力，体现你对未来和这个世界的见解。
- 愿景要有前瞻性，不要考虑在当前状况下是否具有实现的可能性。

练习3-3　个人愿景宣言

基于对自己人生使命的探索，参考上述六项原则，思考一下自己的个人愿景。你可以参考下列模板。

假设现在已经是五年以后，你过着一切都令你满意的生活。请想象一下，并尽量用明确、具体、栩栩如生的语言来描述当时的景象：

- 那时，我做着什么样的工作？
- 我的工作为什么让我感到满意？
- 我的工作对我生命中其他人的意义和价值是什么？
- 我的生活是一幅什么样的景象？
- 那时，我已经达成的目标有哪些？

基于对上述要素的思考，你可以尝试着描述出自己的愿景。虽然很多人会很在意愿景的描述方式，或者纠结于具体的措辞不够理想，但是我认为，愿景如何描述并不是最重要的，构想出一幅可以让自己怦然心动、摩拳擦掌、跃跃欲试的未来景象才是最重要的。就像罗伯特·弗立茨（Robert Fritz）所说：愿景是什么并不重要，重要的是愿景能为我们带来什么。

设定科学合理的目标

《礼记·中庸》有言："凡事预则立，不预则废。"意思是说，做任何事情，要想成功，都需要提前进行周密的筹划和精心的准备。其中，设定科学合理的目标至关重要。

1. 无论如何都要设定目标

在职场中，我曾遇到过很多人都以种种借口，不设定目标，比如"这项工作很难衡量，不好设定目标""我们第一次做这项工作，没法设定目标""形势不明朗，而且变化太大，计划赶不上变化"……

在我看来，这些只是掩盖自己懒惰的借口。不设定目标，就无法衡量成败，也无法将你的经历转化为能力。因为要衡量一个人是不是有能力，主要分为两个部分：第一，当你接到一项任务或者面临一个问题时，你可以基于对各方面情况的判断，进行预先的谋划，设定科学合理的目标，并明确实现预期目标的策略与计划；第二，按照预先设定的策略与计划，协调各方面的资源，采取必要的措施，克服挑战与困难，达成预期目标。

这两部分就是古语所说的"谋定而后动"。所以，如果不能设立适宜的目标，就是没有能力或能力不足的体现。

相反，行动前设立一个目标，哪怕这个目标并不十分科学，都是非常有价值的。一方面，这是让你进行事先筹划的必备步骤；另一方面，也为你进行事后的复盘和持续优化提供了前提条件。

因此，无论如何都应该事前制定目标。

2. 设定目标要考虑的五个维度

那么，如何设定目标呢？在我看来，很多工作都是一个系统，要设定目标，可以运用系统思考的原理与方法。对此，可以参考我在《如何系统思考》（第2版）中所讲的"一般系统模型"，从五个维度考虑目标的设定（见图3-6）。

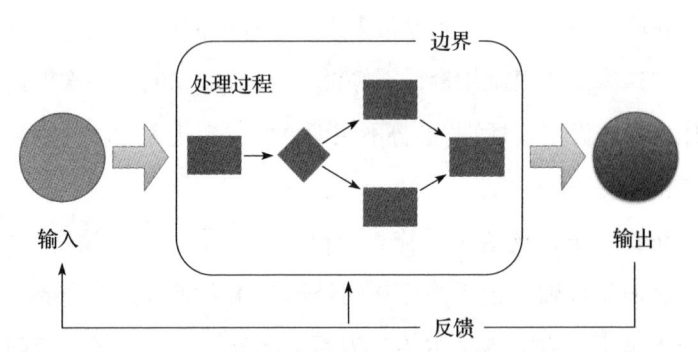

图3-6　设定目标要考虑的五个维度

（1）输入

任何工作与任务都需要投入一些资源（从系统的角度看，叫输入），包括人员、资金、时间等。要有效地完成目标，所投入的资源需要在这些限定的输入条件之内。因此，可以从这个维度来设定目标。

比如，要在什么时限内完成这项任务？要花费多少钱？投入多少人？这些都可以作为目标来衡量。

（2）处理过程

除了一些很简单的工作，大部分工作都可以分为若干步骤来做，有一系列处理过程。如果分解到位，保质、保量、按时完成这些步骤，有助于总体目标的达成。因此，可以通过衡量这些步骤的成果、效率、时限等方式来设定目标。

比如，你要组织一次春游活动，一般包括方案设计、准备、实施、总结宣传等环节，你可以把各个环节的效率与效果作为衡量指标：何时或者花多少天完成方案设计，准备阶段的质量要求，春游当天的活动组织及安全，宣传稿的传播量，等等。

（3）输出

经过一系列处理过程，往往会有直接的产出成果，这是我们执行这些步骤、完成这个任务想要达到的效果。因此，这是狭义的目标。

比如，对于春游活动，有多少人参加了？大家的感受或满意度如何？有哪些直接的成果？

（4）反馈

一项任务除了有直接的产出成果，往往还有后续的影响

（我称之为"反馈"）。事实上，从某种意义上看，这些后续的影响或反馈，才是更有意义的。

比如，对于春游活动，除了那些直接成果之外，对员工士气有何影响？对业绩提升有没有帮助？对部门之间的协同有没有改善？虽然有些间接结果的影响因素众多，有些也难以度量，但是，我们之所以要执行这项任务，是因为它对于那些间接成果（比如士气、业绩以及部门协同）肯定多多少少是有影响的。这其实是我们执行这项任务的根本目的或出发点。

（5）边界

虽然世界是普遍联系的，但系统都有其边界——在这个范围之内的活动或实体之间的联系相对紧密。因此，考察任务或活动是否超出边界，有哪些底线，也是设定目标的维度之一。

比如，对于春游活动，它既有地理边界，也有组织边界，还有一些安全底线，这些也可以作为设定目标的考量指标。

3. 设定学习目标应考虑的因素

在设定个人学习与发展目标时，除了参考上文所讲的"一般系统模型"之外，我建议你额外考虑如下五个要素（见图3-7）。

（1）个人发展复盘

能力的建立是一个持续的过程，新的能力也要在原有技能上建构起来。因此，设立目标时不能脱离实际，应经由个人发展复盘，考虑自己已经具备的知识与技能，否则就会变成无源之水、无本之木；同时，也要经由复盘，发现自己的短板或不足。

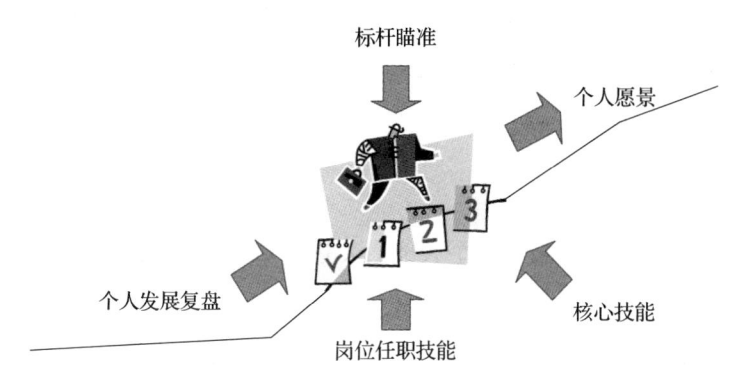

图 3-7　设定个人学习与发展目标要考虑的五个要素

（2）岗位任职技能

能力发展不仅要考虑未来发展，更要立足当前，尤其是要有满足当前岗位所需的技能。因为在我看来，如果你不能胜任当前的岗位，或者在当前岗位的绩效表现不佳，就很难有更好的发展机会。因此，设立个人发展目标时，也不能不考虑岗位任职技能。

（3）标杆瞄准

所谓发展，就是要超出现有的状况。俗话说：人外有人，天外有天。在制定个人发展目标时，切莫自以为是，一定要找到当前岗位上的"高人"，将其作为典范，同时，找到符合自己长远目标的标杆。对照这些标杆，找到自己努力的方向。

（4）核心技能

就像《孙子兵法》中所言："凡战者，以正合，以奇胜。"

在众多能力中,你需要找到更为基础或根本性的能力,也就是说,这项能力是发展其他能力的基础。要把这些基础性技能作为重点,它们将是你的根基(所谓"以正合")。同时,要培养自己的独特能力,形成比较优势(所谓"以奇胜")。

(5) 个人愿景

如上所述,愿景是个人能力发展的方向。在制定个人发展目标时,应"以终为始",以个人愿景为指引。

事实上,要想让目标产生促成改变的力量,就要从自己的热爱开始,设定积极的进取性目标,也就是"我想要的到底是什么""我真心渴望创造或实现的是什么"。因此,适宜的目标必须发自内心。

4. 什么样的目标是合适的

在实践中,许多人都知道目标要符合 SMART 原则,也就是说,适宜的目标要:

- 明确具体(specific)。
- 可衡量(measurable)。
- 有挑战性但可实现(achievable)。
- 有相关性(relevant)。
- 有时限(time-bound)。

但事实上,无数的目标陈述都不符合这一法则。除此之外,还有另外一些不适宜的目标描述方式,你可以拿自己写出的目标与其进行对比、参照（见表3-4）。

表3-4 九种不适宜的目标描述方式

不适宜的目标描述方式	举例	你可以试试……
模糊、不具体，只是一些粗略或笼统的想法或愿望	"我想减肥"	"我要在本月内减重1公斤"
无法衡量	"我想提高演讲能力"	"在3个月内，我可以不拿讲稿当着众人发表不少于10分钟的演讲"
没有挑战性，或者完全不切实际	"我想在一个月内减重1公斤" "我要马上摘下一颗天上的星星"	"我要在本月减重5公斤" "我本月阅读2本天文学图书"
源自外界的限制或约束	"我父母希望我……"	"我想要的是……"
和别人比，看别人在干什么或者怎么样	"隔壁张三这么做了，我也想这么做"，或者"我要比我同学强"	"我真正想要的是……"
依靠外界的标准	"本学期，我这门课要得A"	"本学期，我要掌握这门课的知识，不仅要拿到A，而且能够将领域知识学以致用"
逃避痛苦	"我不希望太穷"	"我希望……"
把手段或途径当成目标	"我要跑步"	"我要通过每周跑两次步、打一次太极拳，保持体重稳定，争取3个月不生病"
没有写出来或公布	"我心里知道就行了"	把目标写出来，尽可能公开，并经常提及

明确策略，制订具体可行的实施计划

对于要学习的内容，你需要采取不同的策略，并制订切实可行的实施计划。

基于我的经验，在明确策略时，需要注意以下事项。

1. "鱼"与"渔"并重，且"渔"更重要

正如心理学家珍妮弗·加维·贝格（Jennifer Garvey Berger）所说，真正的成长需要产生一些质变，这种质变不只是知识性的，还包括观点或思考方式的改变。前者被称为"信息性学习"（informational learning），它们可以增进我们所知晓的信息内容的容量；后者被称为"转化性学习"（transformational learning），可以改变我们思考、知晓事物的方式，使我们以新的方式去看待事物。⊖ 如果没有转化性学习，即便我们对相关领域的知识存量增加了，但我们仍然在用既有的思维模式来处理信息，这并非真正的成长。只有在我们的思维模式本身发生了变化的情况下，成长才会发生。

因此，在制定学习策略时，既要进行内容/信息性学习（也就是一些专业性知识、技能），也要注意转化性学习，也就是思维模式、心智结构进化以及发展能力的能力（我将其称为"元能力"），比如系统思考、复盘、心智模式改善、创新思维等。在我看来，转化性学习非常困难，但其价值巨大，越早进行越好。

2. 从小处入手

"道虽迩，不行不至；事虽小，不为不成。"（《荀子·劝学》）面对任何一个领域的知识，要想精通，都必须从一点一滴开始。就像老子所说："图难于其易，为大于其细。天下难事，必作于

⊖ 贝格. 领导者的意识进化：迈向复杂世界的心智成长 [M]. 陈颖坚，译. 北京：北京师范大学出版社，2017.

易；天下大事，必作于细。是以圣人终不为大，故能成其大。"从小处入手，不仅容易达成，而且可以启动"成功的循环"。从一个点开始，经过系统学习，建立起局部的知识积累；围绕这一点，付出努力，汇集更多的信息，增加练习的机会，增长见识，形成自己的专业能力、核心专长，逐渐地，由此延展到相关的领域。

3. 保持专注

在现实生活中，人们容易陷入事务性工作之中，被各种机会所吸引，从而忘记了自己的初心，迷失了方向。同时，由于环境的变化，很多计划中拟定的措施不能取得预期效果，原定计划也要相应地进行调整，个人的心意、志向与兴趣也会有一些微妙的调整或改变。因此，在制订计划时，一定要保持专注。就像荀子所说，"趣舍无定，谓之无常""行衢道者不至"，若不专注，无论是计划的制订还是执行，都会困难重重。

4. 资源与精力匹配

任何措施的落地都要花费相应的精力和资源，在制订计划时，要根据自己的总体资源和精力"量力而行"，如果想做的事所需的资源和精力超过了自己所能承载的限度，往往很难取得想要的效果。就像荀子所说："故能小而事大，辟之是犹力之少而任重也，舍粹折无适也。"（《荀子·儒效》）意思就是说，能力不大却要干大事，这就如同气力很小却偏要去挑重担一样，除了骨断筋折，再没有别的下场了。

5. 毅力与坚持

毫无疑问，世界上没有随随便便的成功，要成为领域专家，取得人生与事业的成就，必须有扎实的、大师级的专业能力。而专业能力的养成，既与源自遗传和受环境影响的天资禀赋有关，也离不开坚韧不拔的毅力和长期的坚持。

1993年，心理学家安德斯·艾利克森和同事们研究发现，很多领域的专家在很小的时候就开始通过刻意练习来提升他们的技能，一些所谓的"天才"其实是10年以上高强度练习的结果。他们通过让一些音乐家回忆自己在职业生涯中累积的练习量，估计得出：一些最有才的乐器演奏家（如小提琴、钢琴等）往往是4～6岁就开始练习，到20岁时平均已经累积了近1万小时的练习量。这一研究成果就是广为人知的所谓"1万小时定律"的出处。㊀

尽管严格来说"1万小时"并不精确，它只是一系列研究得出的估计平均值，不同人成才累积的练习量事实上差异很大，而且，对于任何一个人来说，也不是说只要你练习了1万小时就一定能够成才。但是，毫无疑问，这一研究告诉我们，要想成为一个领域专家，必须经过长期的刻意练习。

事实上，在2000多年以前，荀子就看到了这一相关性。例如，《荀子·劝学》中指出，"真积力久则入""积土成山，风雨兴焉；积水成渊，蛟龙生焉；积善成德，而神明自得，圣心备

㊀ 艾利克森，普尔. 刻意练习：如何从新手到大师[M]. 王正林，译. 北京：机械工业出版社，2016.

焉。故不积跬步，无以至千里；不积小流，无以成江海"。在《荀子·儒效》中提出："注错习俗，所以化性也；并一而不二，所以成积也。习俗移志，安久移质。并一而不二，则通于神明，参于天地矣。"这些文字明确地告诉我们：要想有所成就，就需要在一个方向上长期坚持。

首先，要想有所成就，就需要方向专一。如果方向不清晰、不一致，今天在这个方向上做一点，明天又飘到另外一个方向，就很难有所积累。因此，要"成积"，应该认准一个方向（"并一"），并长期坚持，不背离（"不二"）。

其次，在保持专注的情况下，要想有所成就，必须长期坚持、辛苦练习。如此，长期在一个方向上坚持、反复练习，形成"习俗"，就可以"移志"(改变人的意志)，让人变得安定、坚定，这样假以时日，就能"移质"(改变人性、内在的质地)。当洞悉了人间世事的规律，天地万物的运作便能了然于胸了。

当然，"刻意练习"并不是简单地练习，它要具备三个要素：高手指导、沉浸式环境、个性化有技巧地练习。因此，练习与成才并不是直接相关的，效果也因人而异，对于不同技能而言也有差异。事实上，刻意练习对于有规律可循、有较为体系化训练方法的技能（如体育、音乐等）更为有效。

6. 把自己的目标与计划写出来

心理学研究显示，把你的目标写出来，就会形成一种书面的承诺物证，而我们社会基础性的价值观之一就是"人应该信守承诺，保持言行一致"，因此，有了这样一份承诺，我们就会付出努力，力争实现自己承诺的目标。如果只是在心里想一想或者口头上说一说，目标所能产生的"承诺一致性"力量会比把它们写出来小很多。㊀因此，如有可能，把你的目标、策略、计划写出来，并公布出去，这样会更有助于目标的实现。

思考与练习

1. 参考"刺猬理念"，想一想你希望在哪个领域安身立命？
2. 对于你希望深耕的专业领域，你是否了解它的知识结构？如果尚不了解，你可以从哪些途径来了解？
3. 要打造个人能力，需要经历哪些过程？有哪些关键要点？
4. 实现持续精进的最大动力源于自己人生的最高目标。请参考本章寻找个人最高目标的两个练习，找一找自己人生的使命。
5. 职业发展源于厘清个人愿景，而要厘清个人愿景，必须向内心深处探求。找一个安静的时段，排除外部干扰，认真地想一想，你的愿景是什么。
6. 从愿景出发，参考设定目标应考虑的关键要素，设定近期的发展目标。
7. 基于个人的发展目标，全面客观地评估自己的知识与技能现状，制订个人发展计划。

㊀ 西奥迪尼. 影响力：经典版［M］. 闾佳，译. 沈阳：万卷出版公司，2010.

CHAPTER 4 第 4 章

学会学习

近半年以来，李天丰真是忙得够呛！

半年前，经过慎重考虑，他接受了领导的建议，从售前技术支持转岗做了销售。二者真是有很大的差别，而且作为销售，是和人打交道，充满了太多变数、不确定性，有时候这么做行得通，有时候甚至得用相反的做法，似乎也很难将背后的原理或规律讲清楚，全靠个人的经验与悟性。虽然天丰也看了一些书，可是书上讲的大多是一些道理，很难直接拿来应用；公司的资料库里，虽然有一些工作总结，但基本上是语焉不详；向一些有经验的高手请教，倒是挺有效的，但是解不了渴，人家要么很忙，要么讲得不系统。

因此，天丰觉得挑战很大，一时半会儿也摸不着门道，前面跟的几个单子都没成,领导似乎也不太满意,虽然没有直接批评自己,但天丰觉得领导有时在有意无意地敲打自己。

他该怎么办呢?

你真的会"学习"吗

虽然"学习"是我们每个人每天都挂在嘴边的一个日常用语,许多人受了多年的教育,似乎有很多"学习"的经验,但是,你真的会学习吗?

事实上,学习作为一个复杂的系统工程,影响因素众多而且错综复杂、实时处于动态变化之中,要想提升学习效果并不简单。坦率地说,很多人其实并没有真正弄清楚学习的内在机理,也没有几个人将其说得明白,对什么是学习也有很多错误或模糊的认识。这样,即便"学习"了很多年,可能也只"知其然",未必"知其所以然",没有办法主动地提升自己的学习力,导致学习效果不佳,甚至事倍功半。

按照成为领域专家的"石–沙–土–林"隐喻,要完成第二次跃迁"固沙培土",你需要"学会学习",掌握高效学习的方法。要完成第三次跃迁"积土成林",靠的也是高效学习的基本能力。

从某种意义上讲,学会学习是炼成领域专家的"元能力",也就是发展能力的能力。

那么,到底应该怎么学习?学习的内在机理是什么?关键要素有哪些?

对个人学习的系统思考

从本质上讲,学习是个人主动进行知识构建、提升行动能力和绩效表现的过程,它是一个系统。

按照定义,系统是由许多相互连接的实体构成的一个整体。对于学习这一系统,基本的构成实体包括:

- 眼睛、耳朵以及触觉、味觉等感觉器官。
- 大脑(全脑参与)。
- 手、脚、嘴等。
- 环境(包括周围的人与物)。

同时,在构成系统的各个实体之间,存在复杂而微妙的相互连接。概括而言,主要包括以下连接:

- 眼睛、耳朵以及触觉、味觉等感觉器官从身体内外部获取信息,并将其传递到大脑中。
- 大脑会提取出过往的记忆,并参考一些规则,对这些获取到的信息进行比较、归纳、分析等心智处理。
- 上述信息经过理解、消化、吸收,形成记忆、规则或信念。
- 经过处理后的信息以及已经形成和存储的记忆、规则与信念,可以帮助个人做出决策,指导个人的行动(靠手、脚和嘴等表达出来)。

- 个人的行动会产生相应的后果。
- 对于行动的后果，有些会被个人观察到，促使个人进行反思或验证。
- 反思所得或经过验证的规则、信念，会形成所谓的"心智模式"（参见第2章），从而影响个人的观察、解读、决策与行动。
- 如果不及时复习、再利用或强化记忆，一些已经理解或存储的信息就会被遗忘。

上述四类实体、八项连接构成了多个闭合的反馈回路（见图 4-1），其功能或目的是让个人能够更有效地应对环境变化，提升行动能力和绩效表现。

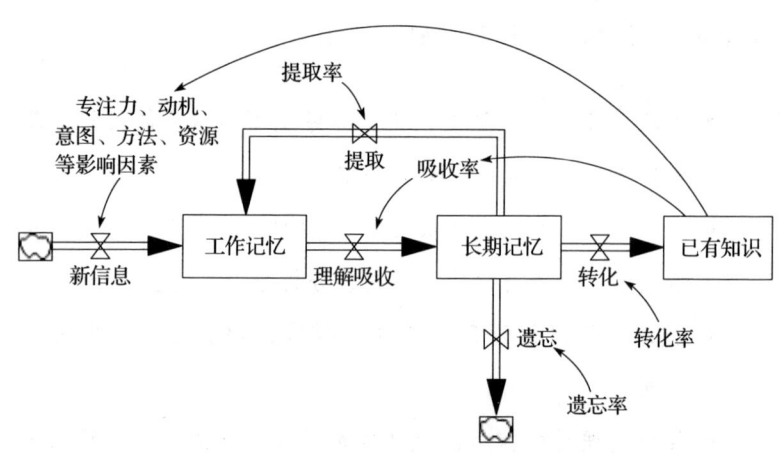

图 4-1　人类学习的基本过程

个人学习的关键要素

从本质上看，学习既是个体的心智过程，也是个人与环境交互的过程，不可避免地会受到个人和环境多方面因素的相互影响。

从个体的角度上看，学习是一个复杂而微妙的心智过程，包括获取信息、理解赋义、记忆与提取、分析与综合等诸多环节，会受到既有知识基础（或心智内容）的影响，也与个体的思维能力与偏好、心态与动机等多方面因素相关。因此，学习是一个高度个性化的过程。

与此同时，个体的学习也离不开与环境的互动（包括物理空间、时间场域以及环境中的他人）。这种互动既包括个体与自身行动产生的结果或反馈的互动，也包括个体与他人的相互作用，比如从他人那里获取信息（事实和观点）、资源等。学习能力强的人善于从外部的各种途径获取对自己有价值的信息，并消化、吸收，内化为自身的能力。因此，学习离不开自身的能力与特质，也不可避免地会受到环境的影响。

由此可见，学习一点儿也不简单，它是一个复杂而微妙的系统工程。大致而言，学习的核心要点包括以下五个方面。

1. 保持开放的心态，专注、高效地接收信息

要建构知识，离不开对信息的获取，而获取信息会受到专注力、动机、意图、方法、资源等因素的影响。对此，要想高

效学习，第一关就是以开放的心态、好奇心，积极而有效地获取高质量的信息。

如上所述，如果没有开放的心态（处于"石"的状态），缺乏动机与热情，就很难有效地获取信息；同时，心智模式也很关键，许多人有很强的主观成见，要么选择性接收信息，要么以过去的规则或想当然地做出判断，犯"经验主义"的毛病；再有，方法也很重要，有的人善于从各种渠道收集信息，并能甄别信息的质量，这样他的学习效率就高。

此外，一个人能否接触到高质量的信息，也与资源甚至机遇等有关。

2. 激活已有知识，理解、消化、吸收新信息

即便接收到了高质量的新信息，个人能否将其充分消化、吸收并真正理解，是建构知识的第二关。这一步虽然需要全脑的参与，但概括而言，主要发生在大脑皮质的一个叫作"工作记忆"的区域。按照目前的了解，工作记忆处理速度很快，但容量有限，即同一时间能处理的孤立的信息数量有限。

同时，个人要从"长期记忆"中提取出过去存储下来的信息，利用原有信息以及经验、规则等，去分析、解读新信息，使其变得可以被理解、有意义。不能被理解的信息，很快会被作为无意义的信息而抛弃；有意义的信息，会改变原有状态，或者与其他信息连接、重新组合，被"存储"进长期记忆之中。所谓"长期记忆"，是大脑中另外一些区域，它如同一个巨大的

仓库，存储容量非常大，但处理速度较慢，它依赖神经元之间的连接进行"存储"和"提取"。

个人学习本质上是知识体系的构建与更新以及动态变化的过程。每个人都有一定的知识基础，这些知识基础也会动态变化。要想提高学习效果，必须激活原有的信息，从不同的角度分析信息，并联系实际，提高对信息的解读、赋义能力。

事实上，有研究指出，新手和专家在学习方面最大的差别就在于背景知识的差异，正如古语所说："内行看门道，外行看热闹。"对于"外行"或"新手""初学者"来说，没有那么多知识积累，这就如同流沙，虽然有了一些碎片化的知识积累，但还没有固化或形成一个体系化的结构。在这种情况下，就没办法深入观察、了解特定情境的含义，也可能出现摇摆或困惑，今天听到这个专家讲这个东西觉得不错，明天听到另外一个人讲另一个东西，觉得好像也有道理，就像沙子一样，被吹来吹去，摇摆不定。相反，对于"内行"或"专家"来说，因为已经具备广泛而深厚的知识基础，如果他仍能保持开放的心态，处于学习状态，就能看到其中的异同，不仅能有效应对，还可以从中学到新知。所以，从某种意义上讲，一个人的知识基础越深厚，学习能力就越强。

3. 组块、连接，间隔重复，提高和强化记忆

如上所述，被存储进"长期记忆"的信息，当需要时，能

否被有效地提取出来，是影响新信息消化、吸收的重要因素。按照现代脑科学的研究，这些信息的"提取度"与神经元之间的连接有关，因此，通过关联、比喻等方式把相关的信息组合起来（被称为"组块"），可以加快信息的处理；同时，通过间隔重复等技巧，可以增强神经元之间的连接，提高记忆力，防止"遗忘"。所谓遗忘，并不是被存储的信息"消失"了，而是无法被访问、提取出来。

当然，关于记忆，还有很多实用技巧，感兴趣的读者可以深入学习，找到适合自己的超级记忆术。

4. 学以致用、及时复盘，明确、检验或优化经验与规则

在我看来，知识是与行动相关的。如果只是把信息记住了，并不是真正的学习。当个人通过主动获取信息，基于已有的知识对其进行解读、分析（信息处理），理解并记住了一些特定的规则（类似"在什么情况下，遇到什么问题，怎么做是成功的"）时，以后遇到类似情境下的问题或挑战，就可以指导自己采取有效的应对措施，从而提高个人行动的效能。这才构成了一个完整的学习循环。

因此，学习不只是"学"，还一定要包括"习"。在某种意义上讲，"习"重于"学"，因为只有通过"习"，我们才能真正理解"学"到的信息，并通过实际行动结果的检验，验证建立起来的规则的真伪。如果没有"习"，只有"学"，那就只能让人感到疲乏或困惑，自认为是"万事通"，实际一动手，却发现只是

"纸上谈兵"。这就是荀子在2000多年以前所说的:"学至于行之而止矣"。

即使整天在网上看一些信息,或者到处听各种讲座,也并不是在学习,那只是学习过程的一部分,如果离开了主动的实践,对那些信息不加以分析、验证,真正转化为自己的能力,学习就不会发生。为此,必须结合自己的实际工作或生活,将所学付诸应用,之后再进行复盘,不仅能够发现可复制的成功,也能够"知其然,知其所以然"。

5. 形成并持续优化"心智模式"

如第2章所述,伴随着学习和行动,每个人都会形成一些"心智模式",也就是一些固定的经验、规则、信念以及行动"套路",来加速信息的处理和决策的制定。按照詹姆斯·马奇的说法,这可能是借由"试错"或模仿他人,甚至是"自然选择"形成的复制过去成功的行为模式,比如"一朝被蛇咬,十年怕井绳"。毫无疑问,心智模式的形成会加速信息的处理,心理学家艾利克森也认为,大师与新手最大的区别就在于"心理表征"(类似"心智模式"的另外一种表述)。但是,心智模式也是一把"双刃剑",它会给上述学习的各个关键环节带来消极或负面的影响:

- 心智模式可能让人产生过度自负、无所不能的假象,从而扼杀人的好奇心,让人形成成见或进行选择性观察,从而影响信息获取。
- 心智模式可能会按照过去有效的固定模式去解读这些信息，从而影响对信息的消化和吸收，妨碍创新。
- 心智模式可能会形成特定的价值取向和思维偏好，从而影响人们的决策与行动。

因此，高效学习者必须认识到"心智模式"的存在，始终保持开放的心态，有效地应用心智模式，使其加速学习而不是妨碍学习。

成人学习的类型

从原理上看，成人学习是一个知识建构的过程。也就是说，在有了学习目标和动力之后，个人就会产生学习需求，并据此从各种途径和渠道获取自己所需的信息，之后将这些信息与自己已有的知识基础进行连接，对其进行解读、赋予意义，使个人的知识体系得到增值、扩展，从而改变自己的行动或行动规则。通过观察行动的结果，验证自己是否真的学习到了新东西。这是一个循环往复的过程。

那么，应该如何构建起适合自己的知识基础呢？有哪些具体的途径或方法呢？

从信息渠道和学习的结构化程度两个维度，我们可以对学习方法进行解析。

1. 信息来源：自己和他人

从信息来源上看，学习有两个渠道：自己和他人。拿围棋棋手来说，要提高自身的对弈能力，主要有两种方式：一是打谱，二是复盘。

所谓打谱，就是学习前人、高手总结的经验或规则，对照规范或最佳实践（比如典型对弈"棋局"或"棋谱"），进行刻意练习，这样就可以站在前人的肩膀之上，快速入门，避免自己低水平摸索。这是向他人学习，我们常见的看书听讲、请教他人、标杆学习、案例研究等，都是一些具体的表现形式。

所谓复盘，就是下完一盘棋之后，对整个过程进行系统的梳理、反思，从中学到经验与教训。这是从自身经历中学习。

因此，学习既离不开主动地检视、反省自己，也要广泛地向他人学习，就像荀子所讲："君子博学而日参省乎己，则知明而行无过矣。"（《荀子·劝学》）也就是说，君子要广泛地学习，并且每天检查、反省自己，那么就会智慧澄明，行为也就没有过失了。

在《复盘＋：把经验转化为能力》一书中，我曾探讨过复盘（从自身经历中学习）和打谱（向他人学习）两种方式的优劣势（见表4-1）。

从实践的角度看，向他人学习的渠道可细分为身边的人、老师（或高手）、互联网、图书/杂志四类。

表 4-1　复盘和打谱的优劣势

	复　盘	打　谱
优势	• 针对性强（做什么、学什么） • 生动、具体、深刻（"知行合一"）	• 简易、快捷、广博 • 一般来说，高手或专家总结、提炼的经验经得起推敲，有些也经过了时间的检验
劣势	• 阅历/数量有限 • 可能存在偶然性 • 个人悟性有差异，学习效果因人而异	• 基于过去状况提炼的经验未必适合当前的状况 • 他人总结的经验往往有一定的抽象性，存在一定的转化难度（"知易行难"） • 针对性差，未必适合学习者当下具体或特定的场景，需要消化吸收之后灵活使用

2. 学习形式：正式学习和非正式学习

从学习的结构化程度来看，学习分为两类：正式学习和非正式学习。

所谓正式学习，指的是有明确的目标、内容与过程设计，并且通常有人来引领学习过程的学习活动，包括一些培训课程、学习项目。一般来说，正式学习的结构化程度较高，往往由行业专家设计或交付。

所谓非正式学习，是与正式学习相对的，指的是由学习者自主发起、自我掌控、自我负责的、自发进行的学习活动。一般而言，非正式学习的结构化程度稍差，要因人而异、因地制宜、因需而动。

概括而言，正式学习和非正式学习区别如表 4-2 所示。

如果某一项工作任务或学习需求对你特别重要，而且时间紧迫，通过个人摸索或其他非正式学习方法很难达到预定目标，或者效率不高、效果不好，建议你采用正式学习方式来进行。

表 4-2 正式学习和非正式学习的区别

	正式学习	非正式学习
时间	固定或提前计划好（在线正式学习有更多灵活性）	相对随意，在需要的时候进行
地点	一般固定或有一定要求（在线正式学习有更多灵活性）	随时随地，相对自由、多样化
引导员	有专人引导，担任讲师或引导者	由学习者自发驱动
学习设计	有明确的学习目标与内容，交互设计	相对自由，一般缺乏明确的设计
学习过程	交互过程是预先设计好的，并对其进行管理	缺乏管理，更多靠学习者自控
学习效果	如果设计合理、过程管控得当，学习效果就会有保障	取决于学习者自律，参差不齐

成人学习的 18 种方法

基于上述两个维度的分析，我们可以梳理出成人学习的 18 种常用方法（我把它称为个人学习的"降龙十八掌"），如图 4-2 所示。

1. 基于自身经历的非正式学习

从根本上看，任何学习都是高度个人化的过程。除了少量自发性、随意性的学习，个人的大多数学习都是有目的的，也就是说，每个人都会出于自己的需求或特定目的，采取不同的方式，获取信息，对信息进行加工处理，并为我所用。

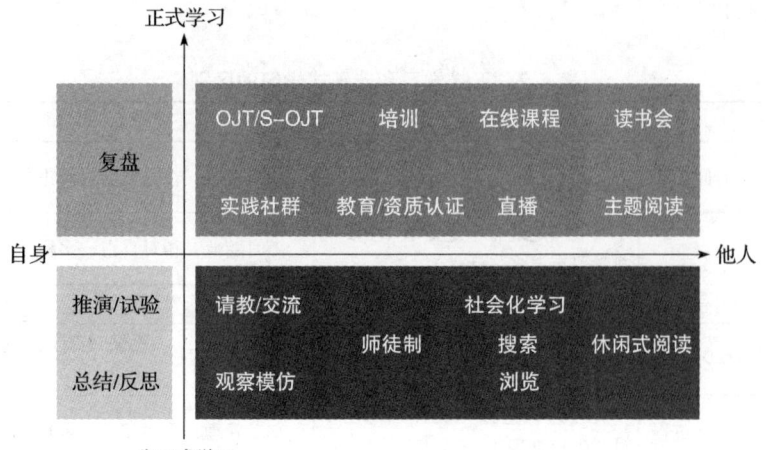

```
            ↑ 正式学习
    ┌──────┬──────────────────────────────────┐
    │      │  OJT/S-OJT    培训    在线课程   读书会 │
    │ 复盘 │                                       │
    │      │  实践社群  教育/资质认证  直播  主题阅读 │
自身├──────┼──────────────────────────────────┤→ 他人
    │推演/试验│ 请教/交流          社会化学习         │
    │        │          师徒制   搜索   休闲式阅读   │
    │总结/反思│ 观察模仿          浏览               │
    └──────┴──────────────────────────────────┘
            ↓ 非正式学习
```

图 4-2　成人学习的 18 种常见方法

如果没有特别严格的结构或程序，个人基于自身经历的非正式学习的主要方法包括：

- 总结/反思（方法 1）：不管有意或无意，也不管是否掌握了结构化的流程与方法，每个人都会对自身过去的经验进行总结/反思，从中学到一些经验或教训。
- 推演/试验（方法 2）：除了自身过去的经历，个人也会对未来要做的事情进行推演、探索或试验，思考、谋划各种可能性以及对策，这也是一种学习途径。

以上两种方法都是非结构化的，每个人依自己的需要和习惯进行。

2. 基于自身经历的正式学习

除此之外，有着明确的结构和流程、基于自身经历的正式学习的主要方法就是复盘（方法3，参见第5章）。

- 复盘（方法3）：从起源与本质上看，复盘的目的在于从自身过去的经验中学习，为了能够有效学习，需要遵循特定的流程，包括回顾、评估、根因分析、知识萃取以及学以致用。因此，我认为复盘是一种正式学习方法。

在电视剧《我的兄弟叫顺溜》中，顺溜和战友们经历了惨烈的三道湾战役之后，司令员陈大雷给顺溜布置了一个任务，让他总结这次战役的战斗经验，并且很有章法地告诉顺溜：你回顾一下战斗过程，看看"开始怎么着，中间怎么着，后来怎么着了"，然后再分析一下"哪儿做得好，哪儿需要改进"。司令员说："经过总结的每一滴血、每一颗子弹，将来都能闪闪发光。"这其实就是通过复盘来总结经验、萃取知识的一个缩影。

实践经验表明，无论是业务专家、管理者个人，还是带领团队的领导者，都可以通过复盘来提升能力，提高效率与效果。就像在华为、万达、联想、英国石油公司等组织中，每打完一仗，就进行复盘，从中学习如何打仗，不仅是开发领导力的有效方法，也是提升团队协同作战能力和组织能力的重要途径。

3. 基于他人的非正式学习

除了自我学习，身边的人是我们日常最容易接触到的学习资源或渠道。向身边人学习的非正式学习的主要方法包括：

- 观察模仿（方法 4）：不管他人教不教你，或者你是否掌握了结构化、体系化的观察、访谈技巧，你只要在他身边，天长日久、耳濡目染，就有可能学到一些东西。
- 请教 / 交流（方法 5）：当你遇到一些问题或困惑时，你可以向身边的人请教，或者与他们交流。如果你身边的这个人是业务专家或某个方面的高手，那么，这将是一次难得的学习机会。当然，在很多情况下，这种学习效果很难保证，效率通常也不高。

你身边的人中，有可能存在一些比较有能力、可以长期、持续地或者在一个时期内教你的人，我将这些人称为"老师"。同时，大多数人都或多或少地会有机会接触到一些外部的老师或专家，他们大多数时间不在你身边，但是，如果你在某个时间或某段时间内有机会接触到他们，可以向他们请教或学习。这也是你宝贵的学习资源。

对于向老师学习，非正式的学习方法除了前面所讲的观摩、请教，主要方法是师徒制（方法 6）。

- 师徒制（方法 6）：作为一种历史悠久的知识传承机制，我们可以正式或非正式地拜生活中的一些人为"师傅"，向其学习。

需要说明的是,我在这里所讲的是你的"师傅",他们是和你一起工作的资深工作伙伴或指导人,在通常情况下,他们并不会系统地教授你,你从他们那里获得的学习,大多数是靠影随观察、模仿或者时不时地请教、讨论得来的,因而我把这一类学习归入非正式学习的范畴。下文所讲的在岗培训或结构化在岗培训,则是公司安排的正式学习项目。

除了身边的人和老师之外,在当今时代,无所不在的互联网也是成人学习的重要来源。在这方面,我认为主要有五种学习方式,其中以下三种属于非正式学习:

- 浏览(方法7):无论是否有目的,每个人每天都会通过手机、电脑或其他智能终端设备浏览大量信息,说不定将来什么时候就能派上用场。
- 搜索(方法8):当你在工作、生活中存在一些问题或困惑时,通过搜索引擎、社群或论坛,可以查找到答案或者得到一些线索、启发。相较于漫无目的的泛泛浏览,搜索更有针对性。
- 社会化学习(方法9):随着互联网2.0的崛起,社交媒体广泛流行,一群有共同兴趣爱好的人,也许相隔千万里,但通过社交媒体与平台可以进行实时和持续的交流,共享信息与经验,相互启发,这种新型的社会化学习在某种程度上可能比搜索更有效。

除了上述途径,另外一种历史悠久的向他人学习的媒介是图书和杂志出版物。通过图书/杂志来学习的非正式学习方式主要是：

- 休闲式阅读（方法10）：也就是没有经过刻意设计，个人基于自己的兴趣爱好，较为随意地读书、看报、阅览杂志，获取信息输入。

4. 基于他人的正式学习

向他人学习也有多种正式学习方式。其中，向身边的人学习的正式机制或方法，常见的有两种：

- 实践社群（方法11）：在一些公司中，存在一些形式各异的实践社群（community of practice，CoP，也称为"知识社群"）。按照哈佛大学教授温格的说法，实践社群有三个关键词：共同兴趣、知识领域、社群的组织形式。
- 在岗培训/结构化在岗培训（方法12）：在一些企业中，对于某些岗位上的员工，公司或部门会设计并实施在岗培训（OJT）或者结构化在岗培训（Structured On-Job Training，S-OJT）。这类培训通常有人管理、有明确的目标、有设计好的学习内容以及相应的导师，因而属于正式学习。

如果你有机会或者有明确的需求，对于向老师学习，你也

第 4 章　学会学习

可以采用以下两种正式学习方法：

- 教育/资质认证（方法 13）：如果你有机会参加一个学历或非学历的教育项目（比如 MBA、进修班），或者是资质认证项目（比如项目管理、会计师等），会有一些老师，这是传统意义上的老师，也是你的一种学习资源。
- 培训（方法 14）：在一些重视人才发展的公司，经常为员工提供一些培训项目，包括线上学习课程以及线下培训。

基于互联网的正式学习，虽然主要是非正式学习，但是，近年来，随着在线学习的快速发展，也涌现出一些正式在线学习资源或方法，包括但不限于：

- 在线课程（方法 15）：一般而言，这些课程都有明确的目标、预先设计好的内容，学习过程也会得到指引或管理，因而它们属于正式学习。
- 直播（方法 16）：随着带宽的不断增加，流媒体技术日益普及，通过网络直播可以让不同的人跨越空间距离进行实时交流。尤其是在新冠肺炎疫情的背景下，大量学校、企事业单位通过直播或虚拟教室（virtual classroom）软件或平台进行教学、会议，包括一些专题的培训分享与研讨。

需要说明的是，直播既是一种技术手段，也有很多学习资源，如果是通过直播方式来交付一些培训课程，或者是聚焦于某个主题的系列直播学习资源，则属于正式学习的范畴。但在现实生活中，大量直播并未经过系统的设计，只是人际交流或"带货"、营销的一种方式，并不属于正式学习的范畴。

除此之外，从图书/杂志学习还有两种正式学习方式：

- 主题阅读（方法17）：也就是有目标、有计划、成体系地通过读书来学习某一个主题。
- 读书会（方法18）：无论是在公司内部还是外部，你可能会发现一些专题的读书会，它们是一群有着共同兴趣爱好的人，通过有组织的方式，共同进行系列的阅读学习。虽然有些读书会会发展成为实践社群，但大多数读书会可能在完成其阶段性目标之后就解散了，或者演变成一种松散的、没有明确目的或目标的学习群体。

如何选择适合自己的学习方法

对于上述18种方法，你不必全部都掌握。但是，一些常用的方法，比如主题阅读、复盘、向专家请教、社会化学习等，还有你可能会用到的方法，必须学会、用好。

同时，你掌握的方法越多，你的学习力、学习速度和学习效果也就越好。

那么，我们如何选择适合自己的学习方法呢？

按照上述对个人学习方法的分类，在选择学习方法时，我们需要考虑学习资源（来自自身还是他人）、知识的性质（显性知识或隐性知识）或学习的结构化程度（正式学习或非正式学习）等。为此，可参考图 4-3 所示的逻辑树，找到适合自己的学习方法。具体来说，操作要点主要为：

- 首先判别学习的可行渠道，也就是所需习得的知识或技能能否依靠自身来获得。如果可以，则进一步判断是否需要深入探究。如果不需要，可以通过总结/反思（方法 1）或推演/试验（方法 2）的方式；如果需要深入探究，则需采用基于个人的正式学习方式，也就是复盘（方法 3）。
- 如果所需习得的知识或技能无法通过个人来获得，则需要向他人来学习。对此，先判断是否可以通过向自己身边的人学习来获得。如果是，则进一步判断所需学习的知识是显性知识还是隐性知识。如果是显性知识，一般可以通过观察模仿（方法 4）或与身边的人请教/交流（方法 5）等方法直接获得；如果是隐性知识，则需要持续进行一段时间的系统化学习。在这种情况下，则需要进一步考察身边的人，看有没有高手或业务专家。如果有，则采用师徒制（方法 6），拜其为师，进行深入、系统的学习；如果没有，则可以考虑公司内部是否存在相关知识领域的实践社群（方法11），或者存在相应的在岗培训/结构化在岗培训（方法12）。如果公司内没有相应的资源，则说明先前的判断有误，此路不通，可往更大范围探索其他方法。

- 如果无法通过身边的人（含内部的高手或老师）来学习，只能考虑组织外部的资源。首先看组织外部有没有相应的老师，如果有，看是否存在相关的教育/资质认证（方法13）或者培训（方法14）。如果有类似的正式学习资源，它们的效率更高、效果更好；如果没有，则只能通过图书/杂志或互联网等更为间接的方式。

- 如果有专门的图书/杂志，则需判断一下是否需要系统地学习。如果是，则需采用主题阅读（方法17）或读书会（方法18）的方式，选择一系列相关图书/杂志，进行系统的学习；如果不是，进行休闲式阅读（方法10）即可。

- 如果没有相关的图书/杂志，则需进一步查看是否有专门的在线学习资源（包括公司内部的网络学习资源）。一般来说，基于互联网的在线学习资源比正式的图书/杂志更新、更快，但是质量可能参差不齐。如果有专门的在线课程（方法15）或"直播（虚拟教室）"（方法16），也是难得的学习资源；如果没有相应的在线正式学习资源，只能通过浏览（方法7）、搜索（方法8）、社会化学习（方法9）等方法。

第 4 章　学会学习

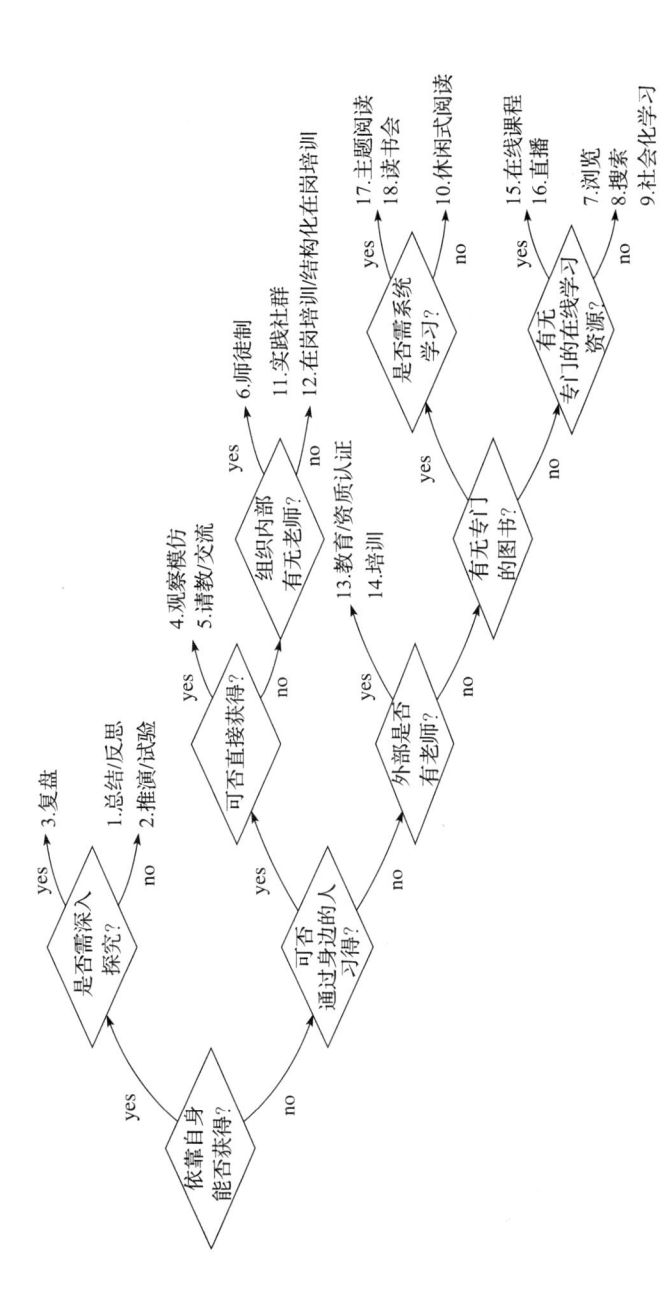

图 4-3　选择学习方法的逻辑树

需要说明的是，要达到某一个目的，可能有很多方法，对此，你只要选用自己可用或擅长的一种方法即可。

思考与练习

1. 学会学习是发展能力的能力，也是"知识炼金术"的核心。在我看来，学习是一个系统。因此，你需要利用系统思考的原则，搞清楚学习的关键要素。
2. 成人学习有哪些类型？
3. 个人学习的方法很多，应该如何选择适合自己的学习方法？
4. 对照你在第 3 章设定的学习目标和计划，对应你当前需要完成的各项任务，选择最适合的学习方法。
5. 对照成人学习的 18 种常见方法，思考一下，你擅长的方法有哪些？对于你完成学习任务需要掌握，但现在还不会使用的方法，尽快采取有效的措施。

CHAPTER 5 第5章

复盘：从自身经历中学习

"古人学问无遗力，少壮工夫老始成。纸上得来终觉浅，绝知此事要躬行。""陆游这首诗写得真不错。"李天丰在心里慨叹了一句，一种认同和共鸣感油然而生。

的确，这段时间李天丰看了很多资料，也请教过公司里一些销售高手，但是总感觉不解渴，别人说的那些东西看起来都有道理，自己也好像明白了一些，可是，实践起来要么不知道从哪里下手，要么做起来并不是那么回事儿。

看起来，还是得靠自己的亲身实践，去"躬行"，才能"绝知此事"！

的确，不管你个人多么擅长向他人学习，有多么优越的学习资源，如果不能亲身实践，就不可能转化为自身的能力。就像南宋诗人陆游在《冬夜读书示子聿》一诗中所讲的那样，从书本上和他人那里得到的知识终归是浅薄的，要想深刻地认识事物的本质，必须经过自己的亲身实践，而复盘就是"躬行"之后将经历转化为能力的结构化方法。

复盘：最有效的个人学习方式

"复盘"一词源于围棋用语，指的是棋手下完一盘棋之后，通过回顾、分析、反思，找到自己对弈过程中的利弊得失及其原因，从中学习到一些实战的经验教训，从而提升自己的棋力和未来的表现。就像华为创始人任正非所讲：将军不是教出来的，而是打出来的。的确，对于成人来说，复盘——从工作实践中总结经验教训，是最有效的学习途径。

按照学习发展领域公认的"70：20：10"人才培养法则，成人学习最重要的来源是在岗工作实践（约占70%），其次是与他人的交流（约占20%），正式的培训与教育只占很小的比例（10%）。因此，复盘作为一种从经验中学习的方法，也是个人学习、提升能力的重要途径。试想一下，你如果能够把自己的每一段工作经历、每一项任务、每一次挑战，都变成学习机会，从中学习，促进自己能力提升，那将会是怎样一种状况？

在我看来，学会复盘，把复盘做到位，并形成习惯，是个人成长为专家不可或缺的一环。同样，对于知识炼金士来说，复盘也是你必须掌握的核心技术。

复盘之道：U型学习法

那么，我们到底应该如何从复盘中学习呢？荀子讲道："不闻不若闻之，闻之不若见之，见之不若知之，知之不若行之。学至于行之而止矣。行之，明也。明之为圣人。圣人也者，本仁义，当是非，齐言行，不失毫厘，无它道焉，已乎行之矣。故闻之而不见，虽博必谬；见之而不知，虽识必妄；知之而不行，虽敦必困。不闻不见，则虽当，非仁也，其道百举而百陷也。"（《荀子·儒效》）

意思就是说：如果你没有经历，几乎就没办法学习，所以，想要学习，就要多去创造经历（"不闻不若闻之"）；但是，只有经历是不够的，还必须对你的经历积极思考，产生见解（"闻之不若见之"）；在此基础上，要透彻地领悟一般性的规律或原理（"见之不若知之"）；做到这一步还没算学习，还得将领悟到的知识付诸行动（"知之不若行之"）。只有行动得以改进，学习才算是真正发生了（"学至于行之而止矣"）。当你学以致用，不断改进自己的行动时，就能达到"通透"的状态（"行之，明也"），成为"圣明的人"（"明之为圣人"），才能够坚持以适宜的人伦规律为本，是非判断、言行举止才能够完全恰如其分（"圣人也者，本仁义，当是非，齐言行，不失毫厘"）。要达到这一境界，没有其他途径，只有通过知行合一（"无它道焉，已乎行之矣"）。

如果只是有经历，而没去思考，没有产生见解（"闻之而不见"），虽然阅历广博，也是荒谬的（"虽博必谬"）；如果对具体的经历有了思考和见解，但没有悟得一般性的规律或知识（"见之而不知"），虽然有见识了，但还是虚妄的（"虽识必妄"）；如果悟到了知识，却不去行动（"知之而不行"），虽然你的知识很敦厚，但还是困顿的（"虽敦必困"）。当然，如果既没有经历，又不去思考（"不闻不见"），即便这次你做对了，也不是靠你自己的主观努力实现的（"则虽当，非仁也"），以后再去行动，仍然是做一百次错一百次（"其道百举而百陷"）！

荀子这段话是对人们如何从经验中学习的阐述，非常深刻、到位。就我的理解，在荀子看来，为了让学习发生，需要经历四个步骤：闻、见、知、行。

1. 闻（具体经历）

所谓"不闻不若闻之"，指的是人要想学习与成长，必须有广博、丰富的经历（"闻"），为此，要努力争取机会多去体验，在体验的基础上，还必须及时对过去的经历进行回顾、梳理，使其成为有意义的学习的"原材料"。如果没有经历，每天都是一成不变、简单机械地重复过去，就不会有学习。

2. 见（深入反思）

所谓"闻之不若见之"，指的是不仅要回顾、梳理，更要进行深入分析，力争发现成败优劣的根因与关键，形成一些"洞见"或觉察。如果只是简单地总结，没有反思、分析，那就只是继承或重复，难以学习到有价值的东西。

3. 知（提炼规律）

所谓"见之不若知之"，指的是不仅要基于本次经历（特定情境、特定任务）的"洞见"，还要"举一反三"，深入地探究、了解事物背后的规律，并且考虑到各种可能的变化以及未来的适用性（延展性），从而提炼出适合未来、其他情境下此类任务更好的打法。这是一种"知识"或采取有效行动的能力。相对于个人过去的认知状态，这是一种创新。

4. 行（转化应用）

所谓"知之不若行之"，指的是学习是知行合一的，只有将"知"应用于实践，指导自己的行动，提高行动的效率和效果，才是真正的学习。因此，要基于学到的经验与教训（"知识"），结合自己下一步的任务与挑战，有效地应用所学，提高行动的效能。只有经过实践的检验，才能证明你真的学到了、会用了，这是你的能力，有了此种能力，你可以英明地应对各种挑战（"明之"）。因此，荀子认为"学至于行之而止矣"。

从思维的脉络上看，以上四步涉及由表及里、由此及彼两个维度、三重转变。

第一步的主要动作是对自己的具体经历进行回顾、梳理，包括回顾自己的目的与目标、策略打法与计划，也包括实际的过程及结果。这针对的是此处、当前（刚结束或刚过去）的事件或活动，是具体而生动的（"此""表"）。

第二步的关键动作是对比、分析、反思。基于过程与实际结果，对照目标与计划，找出这一具体事件中自己的利弊得失、亮点与不足，并分析其根因，把握关键，不只是看到表象，更要把握本质（"此""里"）。

第三步则需要举一反三，进行总结、提炼，看看以后此类事件或相关情况应如何处理，也就是说得到一些经验或教训，这针对的是未来的一般原则或做法（"彼""里"）。

第四步的核心在于，将得到的一般原则（经验教训）应用于未来的实际状况（工作任务、问题或挑战），针对的是未来的行动（"彼""表"）。

因此，由第一步到第二步是"由表及里"的过程，要求用心、"知其然，知其所以然"；第二步到第三步是"由此及彼"的过程，要求灵活、创新，注重概括、提炼，"举一反三"；第三步到第四步是从理论到实践，是"去粗取精""去伪存真""学以致用"的过程。整个过程的轮廓像英文字母"U"（见图5-1），故而我将其称为"U型学习法"，这是复盘的底层逻辑，是"复盘之道"。

基于上述分析，要想真正从复盘中实现学习，必须遵循特定的程序、逻辑或步骤。这些步骤至少包括下列四个阶段。

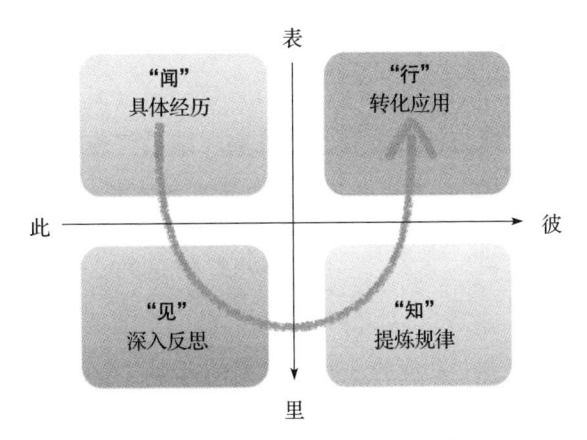

图 5-1　复盘之道——U 型学习法示意图

复盘的一般过程与核心环节

1. 回顾、评估

不仅要梳理事件的过程与结果，也要回顾预期的目标、策略打法与计划。如果没有目标和计划，就没有做比较的参考基准。

事实上，就像《礼记·中庸》中所说："凡事豫（预）则立，不豫（预）则废。"如果没有目标和事先的筹划，不仅没有办法评估、确定出亮点或不足，同时也是缺乏能力的表现。如第 3 章所述，所谓有能力，就是要能够"谋定而后动"，使得最后的结果按照预先的筹划、达到预期的目标。因此，通过复盘，不仅有助于实现事前的"谋定"，而且有助于提高行动的效能

("后动")。这样才能把经验转化为能力,也是我为什么说"无目标,不复盘"。⊖

回顾完目标与计划之后,要将实际结果与预期目标进行对比、评估,找出一些有学习价值或有意义的差异(亮点或不足)。

2. 反思、分析

对于上一步中发现的一些有价值的差异(亮点或不足),要进行深入的反思、分析,找出根本原因,以便"知其然,知其所以然"。

3. 萃取、提炼

在找出了根本原因之后,要"举一反三",思考一下,从这个事件中,我们能学到什么?什么是这类事件的一般规律?对于这类事件或类似工作,哪些做法是奏效的,值得传承或推广?哪些做法是无效的,需要改进?

4. 转化、应用

因为学习的目的是更快、更好地行动,所以,要将总结、提炼出来的经验与教训转化到自己的后续行动中,"学以致用",看看需要开始做什么、停止做什么,以及继续做什么,或者要

⊖ 邱昭良. 复盘+:把经验转化为能力 [M]. 3 版. 北京:机械工业出版社,2018.

做哪些改进。无论是个人，还是自己所在的团队，以及整个组织，都要考虑采取一些具体可行的措施。

在确定了具体的行动措施之后，要明确完成的时间进度与责任人，落实为具体的改进计划。

以上是做复盘的基本步骤。具体来说，可以参考表5-1所示的模板。

表 5-1　简易复盘模板

回顾、评估	反思、分析	萃取、提炼	转化、应用
• 当初为什么做这件事 • 预期的目标是什么 • 策略和计划如何 • 哪些达到了预期目标（"亮点"），哪些未达预期（"不足"）	• 对于有价值的"亮点"，关键成功要素是什么 • 对于重要的"不足"，根本原因是什么	• 从这个事件中，我们能学到的经验是什么？也就是说，以后在做类似工作时，哪些做法可以复制或传承 • 在以后做类似工作时，哪些教训值得汲取或改进	• 为了实现经验和教训的改进，需要采取哪些措施？何时完成

注：该表格由邱昭良博士设计，授权读者个人学习与研究使用，禁止用于商业目的。未经允许，禁止复制或传播。联系授权、转载事宜，请与邱昭良博士联系。读者也可扫描右侧二维码，使用"易复盘"小程序进行在线复盘。

对什么进行复盘

复盘作为一种个人学习和成长的方法，可以随时随地进行。就像《论语·学而》中所言："曾子曰：吾日三省吾身。"我个人的实践经验表明，只要复盘，就有收获。

当然，我们每天都会遇到许多事情，大多数情况也可能比较正常，按照惯例、规定或经验处理即可，有些事情则需要当机立断，因此，不是所有事情都要花专门的时间、按照标准流程进行复盘。但是，定期复盘是非常重要的，不管是月度、季度、年度复盘，还是自己参与的项目到了某个阶段，都值得而且应该进行复盘。

此外，对于一些重要问题、例外情况，或者按照规范、惯例处置不太奏效的事件，以及对自己学习、成长有价值的事情，要特别留意，认真复盘。

根据我的经验，下列情况可以进行个人复盘。

1. 新的事

如上所述，新的经历是宝贵的学习机会（"不闻不若闻之"）。如果某件事对你来说是新的，是你或团队第一次做，那么，在做完之后，无论是做成了，还是有很多遗憾，都可以及时进行复盘，从中摸索经验教训，找到下次在类似事件时可以继承或改进的地方。

2. 重要的事

但凡重要的事情，一般影响巨大，对我们也有意义，所以需要格外慎重。通过复盘，有助于找到关键成功要素，提高成功率。

3. 有价值的事

对照你的学习与发展目标,你可以梳理出哪些事情是更有价值的,哪些能力项是你需要刻意练习与提升的。对此,一旦你感觉某些事情或工作涉及了这方面的能力,就可以进行复盘,总结规律,发现不足与改进的方向。

4. 未达预期的事

如果某件事情未达预期,或者出现了一些偏差或缺陷,说明你或团队对这类事件的规律的掌握程度还不高,应对能力可能还存在一定欠缺。这正是你需要提升的地方,或者是你可以从中学习的机会。为此,要及时进行复盘。

同时,通过复盘,还可以迅速制定改进或补救的行动措施。

个人复盘的两类操作手法

依据事件本身的大小、重要性与复杂程度,个人复盘操作起来也可能差异很大:对于一些重要而复杂的大事、难题,可能得花较长时间来梳理,甚至按照复盘的结构一步一步地进行,并总结成书面材料;对于一些相对简单的事件,可能只需像曾文正公那样,做完一件事情之后,点一炷香,默默地在心里把整个过程回想一遍。

例如,组织完一次会议之后,你可以复盘一下会议的过程和结果，以便下次会议能够开得更有成效；参加一次商务谈判之后，你可以复盘一下自己使用的策略，以便以后的谈判会更胸有成竹、胜券在握。可以说，任何时间、任何地点、任何事件，只要你觉得有必要，都可以进行复盘。

基于我个人的实践经验，个人复盘的操作方法包括下列两类。

1. 自我反思

如果你有要复盘的事项，首先预估一下复盘大致所需的时间。如果是相对简单或明确的事件，可能 10～15 分钟就能梳理清楚，完成复盘，而对于一些长期（如一个月或季度）的工作，或者重大的项目、复杂的问题，则可能需要留出半天甚至一天的时间进行系统的复盘。

之后，找一个不受打扰的时间和空间，按照复盘的基本逻辑与一般过程，逐步进行个人回想和分析。为了让你的思绪不至于乱飞，你可能需要以"简易复盘模板"（见表 5-1）作为框架指引，或者用笔写下自己的思考。

例如，我个人每个月都会花 1 小时左右，复盘一下当月的工作；每年年初都会花半天时间进行全年复盘。对于个人参与的一些新的活动，也都会进行复盘。例如，2015 年 6 月，我和团队一起"重走玄奘之路"，这对于我是一种全新的体验，每天到达营地之后，我都会花 10～20 分钟进行当日复盘；2019 年 5 月，我跑了人生第一个全程马拉松之后，也进行了复盘。

请扫描二维码，关注"CKO学习型组织网"，回复"戈壁""马拉松"或"2020"，查看个人复盘范例。

2. 教练引导

因为个人复盘难免陷入思维盲区，有时候找一位合格的复盘教练，让他通过结构化提问的方式，帮助自己进行复盘，这也是一个明智的选择。

实践表明，合格的教练在保持中立的同时，能够聚焦过程，并有助于激发思考、给予支持，从而提高复盘的效率与效果。㊀

复盘教练在提问时，除了表5-1中所涉及的基本问题之外，还要结合被教练对象的实际情况进行深入挖掘，帮助其打开心扉，客观地看待自己、他人和外部世界，并全面、深入、动态地思考，把握关键与本质，萃取、提炼出真正能够指导未来行动的经验教训。

个人复盘的四重局限

虽然个人复盘操作起来并不复杂，但要想做到位，非常不

㊀ 邱昭良. 复盘+：把经验转化为能力［M］. 3版. 北京：机械工业出版社，2018.

容易。就像已故管理学家詹姆斯·马奇所说,"经验并非总是最好的老师",从经验中学习存在如下四个方面的局限或挑战。㊀

1. 历史的局限性

因为复盘针对的是具体事件的讨论,虽然我们不排除可以经由具体事件的分析提炼出一般规律的可能性,但正如马奇所说,"历史充满随机不确定性"。已经发生的历史只是众多"可能历史"的一个版本,据此推导出成功的做法,有可能是片面的甚至是错误的。特别是"组织中的经验经常是信号弱、噪声大、样本少",很容易出现错误。即便你进行了深入的分析,彻底搞清楚了在当前这种状况下事件的来龙去脉,它们也不一定就可以推广到另外的情境之中,而是存在一定的随机性或偶然性。

在我看来,在复盘中,人们容易陷入的一个误区是"过快得出结论",也许只是总结出了一次偶然性的因果关系,却误以为发现了规律。

2. 经验的模糊性

正如马奇所说:"历史是复杂的。"我们所经历的每一个事件,除去一些在严格受控环境之下的简单动作,可以说都充满了多种复杂而微妙的因果关系与相互影响,存在太多不同层

㊀ 马奇. 经验的疆界[M]. 丁丹, 译. 北京:东方出版社, 2017.

次、不同力度的影响因素，它们之间也有大量的相互作用或制约关系。因此，要想从经验中做出正确的推断并非易事。在现实世界中，大多数通过复制成功而学习都容易犯"误判"和"迷信"的错误，或者陷入"简化故事""自以为是"的心智误区。

基于实践经验，我曾指出，要把复盘做到位，面临25个挑战或误区（"坑"），其中包括"浮于表面""一团乱麻""归罪于外、相互指责"等误区，很多人缺乏系统思考能力，根本无法做到纵观全局、把握关键、梳理脉络、认清系统发展演进的动态及其底层结构，从而导致影响了学习效果。

3. 诠释的灵活性

面对错综复杂的因果关系，"诠释是灵活的"，可以从不同角度进行挖掘或解释，从而得出不同的启示，甚至正如历史学家保罗·瓦莱利所说："历史可以为任何事情辩护。"历史无所不包，不管你希望得出什么结论，都能从中找到例证。事实上，有证据表明，"不同人根据同一经验讲述的故事，往往是相互冲突的"。

4. 个人能力的差异

复盘是个人的一种心智活动，不可避免地会受到个体认知能力、思维风格和心智模式的影响。面对鲜活而复杂的现实，个体的能力差异也会影响（甚至误导）个人的学习效果。

这些差异包括但不限于如下七项：

- "记忆与回忆历史的能力有限"，且存在偏见，例如人类对符合当前信念、动机的记忆更为敏感。
- "分析能力有限"，诠释因果关系、构建故事或模型容易受既有心智模式的影响。
- 存在先入为主的成见，且不容易抛弃成见，对挑战自己先入之见的证据更为挑剔。
- "既歪曲观察，又歪曲信念，以提高二者的一致性"。
- "偏爱简单的因果关系"，常持线性思维，认为"原因必定在结果附近"。
- 不喜欢复杂的分析，更偏好依靠有限信息和简单计算得出的直觉启发，正如尼采所说，"片面描述往往胜过全面描述"。
- 容易"诠释经验的大图景"，经常会不经意间忽略细节。

由此可见，通过复盘来学习，有一定的局限或缺陷。因此，在个人应用过程中，一方面，要综合应用包括复盘在内的各种方法，不能仅用一种方法，就像西方谚语所言，"如果你只有一把锤子，看什么都像钉子"；另一方面，在做复盘时，要想有效地从复盘中学习，必须心存敬畏，审慎地采取得力措施。

那么，什么时候特别需要或适合复盘，什么时候要用其他方法呢？根据我个人的经验，我认为这个问题的答案因人而异，但大致可参考下列四个要点。

第一，新手多打谱，老手勤复盘。如果你涉足一个新领域，前人或高手肯定已经积累了很多经验，作为新手，可以通过读书、听讲等方式，快速、广博、快捷地学习前人的经验，不必事事都自己摸索，前者是更为经济、高效的学习方式。但是，无论何时，都不要读死书、死读书，不可万事拘泥于传统，对于前人或高手的经验，在借鉴、传承的同时，要通过自己行动后的复盘，进行内化，并发现创新与改进的契机。

第二，若有先例或前人的经验，应尽可能汲取，这样可以避免自己低水平摸索。若你做的事情，前无古人，或者没有先例，那么只能依靠自身行动之后的复盘。

第三，若环境稳定，可通过诸如标杆学习、向高手请教、外部培训、外购等方式，学习和借鉴前人、高手的实践经验，或者通过复盘萃取、沉淀、固化自己的成功经验；若环境复杂、多变，应多进行复盘。

第四，不管通过哪种途径获取了一些信息或经验，必须经过自身的实践，才能加以内化与检验。为此，复盘是个人能力养成不可或缺的环节。

实践误区及对策

基于我个人多年复盘的实践，我发现许多人在复盘的过程中存在很多误区或挑战，包括但不限于以下几方面。

1. 过于任务导向

虽然大家都明白"磨刀不误砍柴工"的道理，但在现实生活中，许多人都是忙于"砍柴"、忽视"磨刀"，不仅表现为一些人认为复盘是工作以外的"额外负担"，而且表现为在复盘中没有秉承学习的心态，而是急于解决工作中存在的问题。

需要说明的是，"解决工作中的问题"无可厚非，但是，如果只是一次性地解决了这个问题，不能举一反三，以后可能还会重复犯错。为此，更有价值的方式是不仅解决问题，而且要从解决问题的过程中学习。

事实上，如果你的目的只是为了解决问题，其实更快捷、有效的方式是采取问题分析与解决的技术，先识别、定义问题，再分析问题的成因，设计解决方案，制订行动计划，不必采用复盘这一方法。但是，在经过了一段时间之后，等到问题得到了解决（或者没有解决），要进行复盘，以便提高自己解决问题的能力。

同时，特别需要强调的是，不要让急于解决问题的心态影响对复盘的投入，误导复盘进程，影响复盘效果。如果急于解决问题，在复盘时，许多人找到了亮点与不足，也进行了原因的分析之后，往往会跳过知识提炼、萃取这个环节，直接跳到寻找对策的阶段，就事论事，忙于布置后续的具体工作，并没有思考在类似情况下哪些能做、哪些不能做。虽然这样也能够解决当时当事的一些问题，但其实丢掉了深入学习的机会。

对策：建议按"复盘之道——U型学习法"的内在顺序来进行复盘，不要"跳跃"。在分析了差异的根因或关键的成功要素之后，要进一步深入思考：如果我们从这件事情上抽离出来，我们能从中学到什么？在面临类似任务或挑战时，哪些是有效的做法，哪些是无效或有待改进的做法？

此外，也要以开放的心态，客观地对待亮点与不足，它们其实都是难得的学习机会点。即便是亮点，如果不经过复盘过程中审慎的知识提炼，也无法保证可以将原有的做法"复制"到未来。

2. 分析不够深入

在复盘过程中，根因分析是非常关键的一个核心环节。如上所述，如果找不到成功或失败背后的因果结构，就很难找到未来复制成功所需把握的关键要素。但是，在实际复盘时，很多人要么浮于表面，"蜻蜓点水"，没有进行深入挖掘；要么一团乱麻，莫衷一是，根本找不到真正的关键原因。这样都会影响复盘的学习效果。

对策：詹姆斯·马奇认为，尽可能地提高自己的观察质量和分析能力，使用更有力的分析、思考技术，对于个人来说，能够提高学习的效果。

事实上，除了一些简单情境或任务之外，个人复盘面临的大多数问题都是复杂的系统性问题，可以运用诸如"五个为什么""鱼骨图"等因果分析工具，或者"思考的魔方""因果回路

图"等系统思考工具,找到关键影响因素及其关联关系。[一]

按照我在《如何系统思考》一书中提出的"思考的魔方"模型,掌握更符合系统特性的思维模式,需要我们的思维方式实现三重转变:

- 从局限于本位到洞察全局:对待任何问题,都不能只是以第一人称的本位视角("我看到的事实是这样的""我的看法是这样的")来思考,必须更换多个视角来获取信息和思考,包括他人视角("你看到的是什么""你怎么看")、第三人视角("他们眼中的事是什么""他们怎么看""别人怎么看我们")、外部客户视角("咱们别自嗨了,看看客户怎么看")、"上帝"视角("站在更高或更广阔的视角看,我们现在所做的事情究竟如何")。

- 从静止、机械、线性地看问题到动态、发展地看问题:正如荀子所说,"物类之起,必有所始;荣辱之来,必象其德",任何事物都不是绝对孤立存在的,都有其来龙去脉,为此,不仅要搞清楚事物的起因、发展变化的脉络,还要看到事物构成要素之间的相互关联关系,以及可能的变化、演进态势。

- 从浮于表象到洞悉本质:大千世界是缤纷复杂的,如果你只停留于事件或表象层面,不去深究其驱动力和驱动力背后的系统结构层面的因素,就会像荀子所说的那样,"闻

[一] 邱昭良. 如何系统思考 [M]. 北京:机械工业出版社,2018.

之而不见,虽博必谬",虽然经历很多,什么都见过,但是如果搞不清楚原因,观点就可能是浅薄的、荒谬的;当然,如果只是搞清楚了具体事件的特定原因,无法进一步举一反三或提炼出故事、模型或理论,虽然你有一些见识了,但仍然是"虚妄"的、迷茫的,因为你刚搞清楚了这件事,下一件事的场景、具体表现又是不同了。其实,某些差异很可能只是具体的表象,内在的本质或规律并没变。为此,一定要深入思考,抓住关键,洞悉本质。

在以上三个维度上,借助一些实用的方法与工具,如冰山模型、环形思考、思考的罗盘、因果回路图等,经过长时间的刻意练习,我们可以掌握系统思考的技能,从而才能更好地应对复杂性的挑战,也才能从复盘中学习到更多。

3. 过快得出结论

按照"复盘之道",在分析了根因之后,应该总结出一般性规律。事实上,复盘针对的是具体的一项任务或工作,虽然其中也包含一般性规律,我们不排除可以经由复盘提炼出一般性规律的可能性,但经由对具体事件的分析得出的结论也必然具有局限性或偶然性。也就是说,造成这个结果的原因不可避免地存在一定偶然性或系个例,可能只是在当前的情况下,由这个团队执行这项任务时发生了这样的状况,即便你进行了深入的分析,也只是找到了当前这种状况下事情发生的原因与来龙去脉,并不必然可以应用到未来的情景中。因此，除非悟性很高，否则很难从一时一事的复盘中总结、提炼出一般性的规律或原理。

对策：按照詹姆斯·马奇的看法，"所谓学习，就是在观察行动与结果之间联系的基础上改变行动或行动规则"。因而，从经验中获取智慧的模式分为两种：复制成功（也被称为"低智学习"，尽管这种提法容易产生误导）、提炼故事或模型（同样有误导性，且不准确的提法是"高智学习"）。前者是"在不追求理解因果结构的情况下复制与成功相连的行动"，后者是"努力理解因果结构并提炼出故事（自然语言）、模型（符号语言）或理论，用以指导后续的行动"。在马奇看来，"二者没有优劣之分，各有价值，也各有局限性""实际的学习是两种模式兼而有之"。

通过复盘可以直接找出，在当时的场景之下，哪些做法有效，哪些做法值得改进。因而，通过复盘进行知识萃取的第一种途径就是提炼出一系列规则：在某些情境下，采取某些做法，可以取得某种预期的结果。用函数的方式表达就是：结果＝f（场景，目标，行动）。

若这些结果符合预期或目标（通常被定义为"成功"），说明在行动与结果之间可能存在关联，因而可以考虑在另外的情境之中，复制这些做法，以取得相应的结果；或者，某些做法未取得相应的效果或目标，则说明这些做法不奏效，为此，应努力避免或加以改进，以防重复犯错。

因此，在复盘时，应基于根因分析，进行审慎地反复推敲，以提炼出适用于类似场景下的经验或规则。为此，可以参考下列问题：

- 复盘的结论是否排除了偶发性因素？换句话说，我们所经历的这些事件、分析得到的原因是否具有普遍性？是适用于大多数情况，还是仅仅是个例，或有一定偶然性？
- 复盘结论是指向人，还是指向事？它们是否具有典型意义？
- 这些做法需要依赖哪些条件？
- 复盘结论的得出，是否经过三次以上连续追问"为什么"？涉及了一些根本性问题，还是仅停留在具体事件/操作层面？
- 如果换一个场景，这种做法还适用吗？
- 可能出现哪些变化？
- 是否有类似事件的复盘结果，可以进行交叉验证？包括自己以前曾经的经历或他人的经历，通过横向和纵向对比，排除偶然因素，找出共性。

当然，另外一种有效的做法是召集有过类似项目或工作经历的人，进行复盘分享和知识研讨、团队共创。㊀

4. 过度抽象

除了"跳跃"或"就事论事"，个人在思考或讨论"能从中

㊀ 具体操作手法与注意事项，请参阅：邱昭良、王谋著，《知识炼金术：知识萃取和运营的艺术与实务》，机械工业出版社，2019。

学习到什么"时，很容易过于抽象，总结出一些高度概括的原则或心得，比如"项目成功的关键在于准确把握客户需求""这事必须是一把手工程"……这些结论可能是对的，却是空洞的，相关的一些内容或"干货"被不经意间忽略了（可能当时隐藏在人们的头脑中）。因此，在复盘中只做到这一步是远远不够的。一方面，如果未将经验或教训具体地表述出来，它们不仅不清晰，甚至可能不正确；另一方面，即便真的"知道了"，那也只是蕴藏在头脑中的"隐性知识"，如果不能明确地萃取出来，一则不明确，二则容易被遗忘，三则很难复制或推广到自己的后续行动中。

为了应对上述挑战，基于实践经验，我认为，在复盘中进行经验或教训的萃取、提炼时，应坚持以下四项原则（简称"四有"）。

（1）有适用的场景

在我看来，"知识"指的是有效行动的能力，它并非只是放之四海而皆准的一般性原则，而是要结合特定人员、特定场合（时间或空间）。在复盘时，要将上述场景识别出来，并排除偶然性，提取出场景的一般特征，以便明确知识的适用条件。

（2）有明确的目的

任何知识内容都有特定的目的、价值或用途，也就是说，在某些场景之中进行特定操作，以便达成某些预期目的，完成特定任务，应对挑战或解决问题。

需要注意的是，有些工作的目的可能是显而易见的，但也有很多情况是，许多操作的目的性并不清楚，甚至在不同操作之间，还存在目的不一致、不协调甚至矛盾的状况。对此，要能够进行系统思考，透过现象看本质，并把握关键。

（3）有"干货"内容

在界定了场景特征、任务或目的之后，可以整理出案例、故事，详细列出具体的行动步骤、遇到的关键挑战及其应对策略，以及对应的结果。这是对过去事件的还原和初步整理，我称之为"金矿石"。

在此基础上，如有余力，可以进一步分析、加工，排除偶然性，提炼出哪些是在类似场景中有效的一般性做法（"经验"），哪些是不奏效的做法（"教训"），并将其"干货"内容具体表述出来，包括做什么、怎么做、检验或判断标准、用到的方法或辅助工具等。这些是基于过去实践提炼的、面向未来的、场景化的知识，我称之为"狗头金"。

此外，如有可能，可以进一步深入分析，找出针对类似事件、活动或项目的最佳实践、处置原则或一般规律。这些知识可能不只适用于某一类场景，而是有着较广泛的适用性，我称之为"千足金"。

以上是我所称的知识的"三度金"模型。[一]在复盘中，"金

[一] 邱昭良，王谋. 知识炼金术：知识萃取和运营的艺术与实务［M］. 北京：机械工业出版社，2019.

矿石"一级的知识原汁原味，便于操作，加工难度不大，虽然其提纯度不高，使用起来也有一定的局限性，但其仍然是复盘中经常采用的方式，大多数人都能做到。基于一些原则，使用我发明的"经验萃取单"或"教训记录单"等模板，[一]经过团队研讨，可以提炼出一些"狗头金"，这也是通过复盘来萃取知识比较现实的选择。对于绝大多数人来说，萃取、提炼出"千足金"可能是很难想象的。

（4）有应变措施

大千世界是纷繁复杂的，几乎没有可以放之四海而皆准、一成不变的知识，凡事总有一些变化，因此，要想通过复盘萃取出指导人们有效行动的知识，除了提炼出"干货"内容和关键要素之外，还应该包括可能的常见变化及其对策。就像《荀子·解蔽》中所讲："夫道者，体常而尽变，一隅不足以举之。"也就是说，在荀子看来，事物的本质（"道"）包括两个方面：一是一些基本不变（"常"）的一般性做法，也就是"体"；二是根据实际情况进行相应调整、灵活处置的措施，也就是"变"。真正的"道"并非只有一个方面，事实上，二者是相辅相成、有机整合为一体的。如果没有理解、把握一般性做法（"体"），就谈不上"变"，所谓的"变"只是打乱仗；相反，如果只是照搬一般性做法，不知如何权衡实际状况而有所变通，那就是

[一] 邱昭良，王谋. 知识炼金术：知识萃取和运营的艺术与实务［M］. 北京：机械工业出版社，2019.

"本本主义",也不是有能力的体现。因此,只有既掌握了事物的基本规律("体"),并且能够根据实际情况的差异而灵活应对("变"),才能算是掌握了"道"。

因此,通过复盘萃取、提炼出来的知识,既要包括一些"典型打法""干货内容",还要明确其关键要点或精髓,并列出各种常见的可能的变化及其应对措施。如有可能,还要阐明其背后的原理或相应的理论支撑,这样就可以让应用者更好地理解为什么要遵照这些一般性做法,并有效地进行"权变"。

个人复盘的关键成功要素

作为一种学习方法,要想坚持下去,形成习惯,必须把握关键,把复盘做到位。事实上,复盘的效果越好,个人对复盘就会越认可,就会更加重视和投入,从而可以取得更好的效果,这样就形成了一个良性循环(见图5-2)。相反,如果复盘做不到位,就会形成恶性循环。

图 5-2 把复盘做到位,形成良性循环

那么，如何才能把复盘做到位呢？基于实践经验，我认为关键要素包括以下五个。

1. 坦诚地面对自己

如上所述，从经验中学习存在诸多的局限与困难，为此，应该心存敬畏，始终保持警惕之心，坦诚地面对自己，不能低估问题的复杂性，不能高估自己的分析能力，不要过于乐观地认为自己找到了规律。对于自己和他人得出的结论，应慎重对待，不能刻舟求剑，把一时一地的归因当成规律，也不要过快得出结论，只是总结出了一次偶然性的因果关系，却误以为发现了规律。一句话，对于复盘的结论，要有审慎、警惕的心态，多方推演，反复求证。

同时，对于复盘得出的经验或教训，应在后续行动中去验证，并根据实际结果，进行更新、迭代。

此外，在个人复盘的过程中，应冷静、客观、实事求是，并以开放的心态、批判式思维，多问几个为什么，多想几种可能性，并学会换位思考。不要夸大成功，或者把失败或不足看得不那么严重，甚至找出一些外部原因或无关紧要的因素来"文过饰非"。

2. "先僵化，后优化"

如果你还没有养成适合自己的有效反思的习惯，或者没有一套自洽的逻辑，不妨先参照复盘的一般步骤，按部就班地进行（甚至一开始可能需要写出来）；等你已经对复盘的逻辑和问题非常熟悉，则可以根据自己的实际情况，有选择地进行适当取舍。

3. 充分经历，还原事实

要想在复盘中分析深入、有效，除了个人系统思考能力，另外一个不可或缺的前提是掌握了全面、充足、高质量的信息。为此，在每次经历中都要深入地体验，留心观察、获取更多信息。在社会学、人类学、组织研究等领域，这种做法被称为"深描"（thick description），也就是说，不只是描述人类的行为，也要记录并表述相应的场景。这样，行为才能更好地被外人理解。

4. 记录要点并定期回顾、提醒自己

俗话说：好记性不如烂笔头。如果对复盘不做记录，就可能因为事务繁忙而导致遗忘或冲淡记忆，从而影响复盘的效果。但是，如果只是记录下来，而不定期回顾、提醒自己，那复盘的效果也有限。

所以，不仅应该把复盘记录下来，还要定期回顾、梳理，把相同或相关联的事件联系起来看，发现共性的问题以及深层次的规律，以便让自己获得更大的成长。

5. 习惯成自然

虽然偶尔进行自我反思和复盘是有益的，但先贤教育我们，

"吾日三省吾身",如果能够持续地进行自我反思,形成习惯,无疑会学习得更多,成长得更快。事实上,联想集团创始人柳传志先生在选拔干部时,标准之一就是看这个干部有没有很强的总结反思能力。他也坦言,自己之所以能够取得一些成绩,靠的就是"勤于复盘"。

在日常工作中,利用业余时间,对当天或近期的工作快速地复盘,甚至不需要专门写出来,形成习惯,逐渐成为下意识的自然动作,对于个人能力提升会有很大帮助。

思考与练习

1. 什么是复盘?
2. 为什么要做复盘?
3. 如何做复盘?要坚持的"复盘之道"是什么?
4. 个人复盘有哪些操作手法?请选择其中一种操作手法,做一次个人复盘。
5. 在哪些情况下值得或需要做复盘?
6. 个人复盘有哪些局限性?如何应对?
7. 要想把复盘做到位,需要注意哪些关键要素?

CHAPTER 6

第 6 章

向高手学习

"天丰,你知道吗,我听研究组织学习的邱博士说,《荀子·劝学》中蕴含着学习的九个规律,值得好好读一读!"

"是吗?那我得好好学一学。"这段时间一直都在琢磨如何提高学习效率的李天丰从同事那里听到这个消息,自然喜不自禁。

晚上,李天丰从网上搜出了《荀子·劝学》的原文和译文,反复读了两三遍。它的确很经典,很多观点都很有启发性。他对其中的几点感触颇深。

第一,荀子说:"故不登高山,不知天之高也;不临深溪,不知地之厚也;不闻先王之遗言,不知学问之大也。"的确,如果自身阅历不够,视野自然就会受局限。要想有广博的视野,就要积极向他人学习，不能闭门造车或只是个人摸索。

第二，荀子说："吾尝终日而思矣，不如须臾之所学也。吾尝跂而望矣，不如登高之博见也。"的确，李天丰也注意到，虽然从自身经历中复盘学习生动、具体而深刻，但是，从复盘中学习也存在明显的局限与不足。有时候自己苦思冥想，在那儿琢磨老半天，却不如高手指导一两下，便豁然开朗。

第三，荀子指出，"学莫便乎近其人……学之经莫速乎好其人"，意思是说，学习的途径，没有比找到对的人并心悦诚服地向其请教更为迅速、有效的了。这是不是意味着，学习最有效率的方式是向高手、专家请教呢？

谁也无法不向他人学习

不管你自己的经历多丰富，面对人类社会和大千世界的缤纷复杂都是沧海一粟。因此，绝对不能只是从自身经历中学习，必须广泛地向他人学习。

对于新手来说，没有什么经验可言，主要靠打谱学习，也就是学习前人总结、提炼出来的基本原则、操作要点以及最佳实践。这样可以快速入门，避免自己瞎打误撞、低水平摸索。就像荀子所说："吾尝终日而思矣，不如须臾之所学也。"对于一些问题，你自己苦思冥想却找不到任何头绪，但是，对于高手来说，可能早就经历过并且已经解决了。

尤其对于职场新人来说，如果能找到你所在领域的业务专家或高手，并有机会向他们学习，将是最宝贵、最高效的学习途径。

事实上，即便你是某一个领域的老手，已经见多识广了，但是，面对纷繁复杂的世界，个人的经历无论如何都是有限的。因此，通过读书、向专家请教等方式广泛地向他人学习，就成了我们每个人成长不可或缺的重要途径。

向高手学习：有优势也有劣势

在我看来，任何一种学习方式都是既有优势，也有劣势或不足。要想提高个人学习效率和效果，既要选择并用好适合自己的学习方式，也要兼收并蓄、博采众长，不能仅用其中的一种方法。

那么，向他人学习有哪些优势，又有哪些劣势或不足呢？

如第4章所述，与从自身经历中学习（复盘）相比，向他人学习（打谱）有如下一些优势：

- 在很多情况下，如果个人通过试错的方式来学习，代价可能非常高昂，而向他人学习相对简单、快捷、成本低廉。
- 虽然从自身的经历中复盘学习更为深入，但个人的经历是有限的，而他人的经历无论是数量还是类型，都大大突破了我们个人的局限。

- 一般来说，高手或专家总结、提炼的经验经得起推敲，有些也经过了时间的检验，而个人从复盘中提炼出的经验可能由于各方面的限制而有一定的偏差或局限。

当然，向他人学习也有劣势或不足。主要包括：

- 他人总结出来的经验基本上都是基于过去的状况，未必适合当前的状况。
- 他人总结的经验往往有一定的抽象度，可能存在一定的转化难度（"知易行难"）。这就像俗话所说：我们即便读了很多书，听了很多古训，明白了很多道理，仍然未必能过好这一生。
- 既然他人总结的经验有一定的抽象度或概括性，就必然针对性差，不能完全适合学习者当下具体或特定的场景，需要学习者消化吸收之后灵活使用。

同时，在现实生活中，向他人学习有多种形式，向自己身边的高手或专家请教、观摩、案例学习、读书等，均是这一方式的具体途径。在本章中，我将给大家介绍其中一种形式，即找到你身边或能够接触到的、真正的业务专家或高手，通过访谈、现场观察或共同工作，获取有价值的知识。

相对于其他几种向他人学习的方式，向高手学习也有其优劣势（见表6-1）。

第6章 向高手学习

表6-1 向高手学习相对于其他几种学习方式的优劣势

向高手请教相对于……	优势	劣势
基于互联网的学习	• 有针对性、生动 • 质量或可信度更高	• 数量、类型有限 • 时间长、成本高
读书	• 更为及时、灵活、生动 • 学习转化率高	• 数量、种类有限 • 总结、提炼的精度可能较差
复盘	• 更为可靠 • 快速、便捷、广博	• 知易行难 • 属于二手信息
培训	• 更加聚焦、有针对性 • 灵活	• 体系性不够 • 正式化程度低

简言之，向高手学习的优势包括：

- 虽然互联网上的信息琳琅满目、唾手可得，但其质量可能参差不齐或语焉不详，而我们身边"高手"的经验更为生动、具体，如果可以深入请教，更能确保信息的质量，信度与效度更佳。
- 虽然身边"高手"的经验未必像书上总结出来的知识那样精致，但其更加贴合我们工作或生活的场景，更具有针对性，可以在需要时"拿来"直接使用，形式更加灵活多样，学习转化率更高，而图书上的信息需要我们理解、消化吸收，之后再结合我们的实际情境进行灵活应用。

但是，向高手学习可能存在下列局限或劣势：

- 数量或类型有限，甚至在很多情况下，在我们身边或可接触的范围内，找不到真正的专家或高手，有时候"可遇而不可求"。
- 即便你找到了身边的专家，他们能否给你深入、到位的指教也不可知，可能需要花费更多的时间和成本，学习效果也受多种因素的影响，比如专家总结、提炼的知识的精度或质量可能参差不齐，专家的表达或教学能力不足，专家与学习者的知识存量差异等。

那么，我们如何才能有效地向高手学习呢？

按照我在《知识炼金术：知识萃取和运营的艺术与实务》一书中的总结，要想有效地向高手或专家学习，需把握下列五个核心要点：

- 找到真正的专家。
- 明确目标与策略。
- 认真观察、深入访谈。
- 及时复盘、反馈。
- 建立和维护人脉。

找到真正的专家

在我看来，真正的专家是那些依靠自身实力获得持续而稳定的高绩效的人，他们通常在相关领域打拼了很长时间，掌握了必备的技能，弄明白了其中的关键要点和诀窍，对特定的流程、职能、技术、机器、材料或设备等有全面、深刻、透彻理解，对各种问题有丰富的经验和深入的洞察，因而在多数情况下都能持续表现优异。因此，你需要花一些时间，通过人脉、口碑等多种渠道收集信息，综合判断，找到真正的专家。

事实上，如果能找到真正适合你的行家，并有机会向他学习（甚至只是在他身边、和他一起工作，也是宝贵的学习机会），可能就会事半功倍，否则费时费力却效果不佳。

那么，到底应该怎么找业务专家呢？在我看来，要找到真正的专家，你需要参考下列注意事项（见表6-2）。

表6-2 业务专家的特质及甄选线索

特 质	甄选线索
依靠自身实力，取得持续而稳的高绩效	• 持续绩效表现突出，且自身实力优异，获得验证及普遍认可，通常是"典型""标兵"或"优秀人物" • 领导推荐
有意愿和能力分享	• 内外部分享与总结文档 • 论坛、社群活跃度
有丰富的人脉和良好的口碑	• 口碑 • 专家推荐 • 专业社群活跃度
有职称、资质	• 职称、荣誉 • 专业资质、学历
持续的学习意愿与能力	• 对最新知识与技术的掌握程度 • 持续学习的经历

1. 依靠自身实力取得持续而稳定的高绩效

真正的专家往往会表现突出，他们是那些真正掌握了诀窍、在多数情况下都能持续表现优异的人，因而很容易成为"标兵"

或"优秀人物"。为此，那些真正依靠自身实力获得持续而稳定高绩效的人，可能就是我们寻找的高手。你可以通过查阅公司或部门历年的绩效考核记录，以及领导推荐来找到相关线索。

在这里，需要注意的重点是，他们具有以下特点：①"凭借自己的实力"，而不是靠关系或凭运气；②能够应对大多数情况，持续地取得优异绩效，而不只是短期内的高绩效。

2. 有意愿和能力分享

许多专家往往只是"低头拉车"，自己心里有数，却没有意愿和能力分享给他人，而真正优秀的专家既会做也能说，因为他们参透了事物的原理与诀窍。就像柳传志所说："真把式，既会说，又能做；假把式，只会说，不会做；傻把式，只会做，不会说。"事实上，很多高手可能已经开发了大量专业内容。

为此，你可以看看哪些人定期更新自己的博客或时常发表文章、演讲，或者留意那些在公司内部网或论坛、知识库以及专业实践社群等地方积极参与讨论、分享，有自己独到见解的人。

当然，这只是作为辅助参考，许多专家往往因为能力突出而承担着重要的业务工作，并没有太多时间进行知识整理或分享。

3. 有丰富的人脉与良好的口碑

因为在一个行业或领域的时间长，大多数业务专家都拥有广泛的人脉和良好的口碑。为此，你可以通过某个领域的专家推荐或访谈，了解某个人的口碑，或者观察其在专业社群中的活跃度，来判断某个人是否为合格的专家。

4. 有职称、资质

因为从业时间长、绩效表现与能力优异，许多业务专家不仅具有他们所在专业领域的认证证书或行业地位与口碑，往往也具有较高的职称、资质或荣誉。虽然职称与资质不等同于能力，但从总体上来看，它们往往是能力的代表。

5. 持续的学习意愿与能力

在当今时代，许多行业的知识都在快速更新，尤其在一些高科技领域，更是日新月异。真正优秀的专家要能够始终处于领先地位，而不是僵化或保守，为了做到这一点，他们要具有持续学习的意愿与能力。对此，你可以从专家是否定期参加行业会议、培训或研讨会，以及对最新知识与技术的掌握程度来判断其是否与时俱进。

业务专家的特质及甄选线索如表 6-2 所示。

明确目标与策略

在识别出了真正的专家之后，你需要明确的是，你和专家的知识积累之间存在巨大的鸿沟，想一次性地学到专家所有的知识，肯定是不现实的。为此，要想更好地向专家学习，你需要有明确的目标与实现目标的策略。

如第 3 章所述,在制定学习目标时,需要结合自己当下的实际工作、近期的发展方向,梳理出来自己需要具备的技能,当前的能力差距就是你的学习需求。要实现这个需求,一般来说,需采取由易到难、由外围到核心、由显性知识到隐性知识、循序渐进的策略。所以,什么时候要请教专家?请教什么?如何请教?对于这些问题,都需要事先考虑清楚。

事实上,满足某一需求的方式可能有很多种,如上所述,各种方式各有优劣。为此,应进行系统的评估,确定向他人学习是满足自己需求的最佳方式。

之后,从你的人脉网络中搜寻,看看有无能满足自己需求的人员。如果有,提前进行准备,明确你想得到的具体帮助。如果没有,想一想:谁有可能帮到你?如何才能得到他们的帮助?

认真观察、深入访谈

在找到适合的人选之后,最好能找机会当面请教。对此,要掌握对业务专家访谈的相关技术与方法,了解有效访谈的关键要素。

概括而言,访谈的要点包括:

- 简要描述你所遇到的问题或挑战,询问专家有没有遇到过与此类似的案例。

- 请他给你讲述真实的案例,最好不要一上来就给你支招。因为那样要么比较抽象,要么专家的建议并不适合你,而且你也很难从中真正学到东西,充其量是"知其然而不知其所以然"。

如果被访者讲述起来毫无章法,你可以用 STAR-R 法为框架,进行提问(见表 6-3)。如果你感觉对方所讲的案例与你的实际情况差异较大,应及时礼貌地打断,重述自己的挑战,让被访者重新讲述一个案例。

表 6-3　专家访谈的 STAR-R 法

访谈要点	提问参考句式
情境(situation)	什么时间?什么地点?面对哪些人?当时的状况或环境是怎样的?
任务(task)	你所面对的挑战是什么?要解决的问题或完成的任务是怎样的?
行动(action)	当时你采取了哪些措施?具体是怎么做的?
结果(results)	结果如何?哪些达到了预期目标,哪些有待改进?
反思(reflection)	对于上述案例,你有哪些收获?对于未来行动,你有什么建议?

- 如果他讲述的案例比较符合你的情况,可使用下列问题深入了解专家的做法:

"您具体是怎么做的?大致步骤如何?"

"您为什么会这么做?"

"您认为哪些是需要特别注意的关键点?"

"常见的变化有哪些?应该如何应对?"

"如果让您再来一次,您觉得有什么地方可以进行改进,或者有没有创新的做法?"
- 及时提出自己的疑问,争取在脑海中能清晰地勾勒出一个大致的行动路线。
- 向他讲述自己的思路,请他给出一些建议。
- 总结、得到确认、询问后续行动,并致谢。

向他人请教,首要条件就是要有开放的心态,保持恭敬而谦逊的态度。就像荀子所云:"故礼恭,而后可与言道之方;辞顺,而后可与言道之理;色从而后可与言道之致。"(《荀子·劝学》)意思就是说,等来请教的人礼貌恭敬了,才可以和他谈论道义的学习方法;等他言辞和顺了,才可以和他谈论道义的内容;等其面露谦逊顺从之色了,才可以和他谈论道义的精髓。因此,要想得到他人的指教,需要"礼恭""色从""辞顺"。

当然,为了更充分地学习,如果条件允许,最好能到专家的工作现场进行观察、体验。这不仅有利于收集第一手信息,而且可以增强对专家工作环境、工作内容的感性认识,以更好地理解专家为什么这么说、这么做。[一]

及时复盘、反馈

建立和维护人脉,其实很忌讳"临时抱佛脚"。在你请教

[一] 详细操作指南,请参阅《知识炼金术:知识萃取和运营的艺术与实务》,邱昭良、王谋著,机械工业出版社,2019。

了他人之后，应及时行动，并在行动之后尽快地进行复盘，通过回顾、比较、分析、反思，找出差异的根因，以及你从中学习到的经验与教训。

之后，要反馈给当时请教的人。这样不仅形成了一个"闭环"，而且又加强了联系，增进了关系。若你以后再遇到困难，别人也会更加乐意帮助你。

建立和维护人脉

向他人学习，需要提前储备资源。因为向他人学习相对于互联网和图书存在着数量与种类有限的不足，当个人遇到困难需要求助时，如果没有提前的储备，很可能找不到可用的资源。为此，应该在日常工作中用心建立、维护人脉，并明确他们的长处、经验，以备不时之需。

可以参考表6-4，盘点一下你自己的人脉。

表6-4　人脉清单模板

姓名	单位	主要经验/专长领域	联系方式	近期联络事项及其他备注

同时，应该基于自己的学习需求，有计划地拓展自己的人脉网络。

此外，尽管相对于请教的对象，你自身无论是能力还是资源等方面都处于劣势，但是，你仍应该想方设法为他们创造价值，并且常怀感恩之心，保持良好持续的关系。

思考与练习

1. 为什么要向高手学习？和复盘以及其他几种向他人学习的方式比较起来，向高手或专家学习有哪些优势和劣势？
2. 从你的学习需求出发，看看哪些需求可以通过向高手学习来满足？
3. 为了满足你的学习需求，你可以向哪些高手来学习？思考一下，你选择高手有什么标准？
4. 选择一位高手，基于你的学习需求，明确学习目标，然后对照本章所述要点，对其进行访谈。如有可能，对其进行现场观察。
5. 在向专家请教完之后，要对这个过程进行复盘，想一想关键成功要素有哪些。
6. 参考人脉清单模板，盘点一下自己身边的高手资源。

CHAPTER 7
第 7 章

充分利用好培训

"天丰，周末公司要组织一次销售培训，听说是请到了一位曾在咱们这个行业头号公司中做过高管的销售专家，你去参加吗？"

听到好朋友阿飞告诉自己的这个消息，李天丰心头一喜！

来公司这么久了，好不容易有一次培训机会，而且主讲人是这个行业的"大咖"，虽说他所在的那家公司近年来有些江河日下的架势，可是人家在里面担任过高管，应该还是有些"干货"的吧，对于只是靠自己摸索以及和身边兄弟交流这些方式来学习的李天丰来说，这真的是一次难得的学习机会啊！

可是，这个周末，自己不仅答应要陪女友去郊游，还约了一位客户应酬……怎么办呢？

想到这里，天丰叹了口气，冲着阿飞回了一句："是啊，应该机会不错，但我周末已经有安排了，真是可惜！"

"你不再考虑考虑？机会难得啊！过了这个村，就没这个店啦。"阿飞还不死心，补了一句。

"是啊，要不再考虑考虑？女友那边，应该不难做工作；客户那边，再想想其他办法。"李天丰在心里盘算着，还是有些犹豫不决。

培训是你不容忽视的宝贵学习机会

近年来，随着环境日益复杂多变，越来越多的企业开始重视培训及学习与发展，希望通过学习与发展，提升员工和组织的能力，以更快、更好地适应环境变化的挑战。因此，对于职场人士而言，如果你所在的企业已经具备了一定规模，而且高层领导重视人才培养，你可能会有一种独特的学习机会——培训，其表现形式可能是企业内部面授培训、外部的公开课，以及较为正式的在线学习产品或项目。

尤其是在一些优秀的企业中，公司已经搭建起了覆盖各个岗位与层级的培训体系。无论你是从事一些专业工作（如产品研发、市场营销），还是管理工作，都可以找到适合自己的培训课程。

从我的经验看，如果你有参加培训的机会，一定要把握住并且利用好这一难得的学习机会。虽然从培训中学习未必一定有好的效果，但我相信，它具有独特的价值。

即便是你所处的企业没有多少培训机会，一些好学的朋友也会利用业余时间，自费参加线上或线下的外部培训，或者更为系统的教育或资质认证培训。

那么，我们应该如何看待并利用好培训这种学习形式呢？

从培训中学习的优劣势

相对于读书、社会化学习等自学方式，面授培训或在线课程是经过设计的、有过程管理的正式学习方式，虽然现场交互的时间有限（往往是半天到两三天），但是学习内容大多数比较经典，学习过程经过设计，通常也是由"高手"进行讲授或引导，可以让参与者对某一个主题的内容有较为体系化的了解，并可以与他人探讨、现场演练、及时得到反馈，从而帮助个人更为高效地学习。

所以，在我看来，尽管对于某些职场人士来说，可能会因为日常工作繁忙而不愿意参加培训，但是，从培训的属性上看，如果这些培训符合你的需求，它们将是非常宝贵的学习机会，就像俗话所说：磨刀不误砍柴工。如果我们可以把握住培训的机会，充分用好培训，就可以事半功倍。

培训这种学习方式，有其优势，也有劣势或不足（见表7-1）。

表 7-1　培训的优势和劣势

	正式学习	非正式学习
优势	• 学习的目标、内容与过程经过设计，体系化程度高 • 对学习过程有管理，一般有人引领 • 知识大多数比较经典、经过了检验，主讲人专业化程度高，可以快速入门	• 随时随地、按需学习
劣势	• 需要拿出专门的时间进行集中学习，但互动时间有限 • 学习内容有时缺乏针对性 • 需要学习转化 • 在某些情况下，成本较高	• 学习内容与过程缺乏设计与管理，因而学习者的学习效果参差不齐 • 质量不好控制 • 需要学习者有较强的自律性

概括而言，培训的优势在于：

- 相对于自学，培训是经过设计的、有人引领的正式学习，往往有明确的目标，有相对成体系的内容以及过程引导，体系化程度较高。
- 除了一些异步在线学习课程以外，大多数培训均有专人来引领学习过程，而且讲师或引导者通常有一定的专业积累，因而学习质量较高。
- 由于培训具有经过教学设计的正式学习属性，其中涉及的知识大多比较经典、经过了检验，而且，主讲人通常专业化程度较高，可以让学习者快速入门，了解基本的、成体系的知识。当然，我们不能由此得出结论说，所有培训都会质量较高。就像本章所述，影响培训学习效果的因素有很多，要想利用好培训，达到良好的学习效果，并不容易。

但是，基于我多年对企业培训的观察和为多家企业大学服务的经验，我发现，从培训中学习也有其劣势或不足，主要包括：

- 需拿出专门的时间进行集中学习，但互动时间有限。除了少量微课，大多数培训都需要拿出专门的时间进行集中学习。
- 学习内容有时缺乏针对性。由于培训的目标与内容一般是预先设计好的，除了极少量课程是完全定制的之外，大多数传授的是通用或适用于某一类状况的内容，参加某一次培训的学员往往多达数十人甚至上百人，因而其内容往往缺乏针对性，很难顾及每个人的个性化需求。
- 需要学习转化。由于学习内容缺乏针对性，学习者要将学到的内容付诸应用，需要一个学习转化的过程。
- 在某些情况下，成本较高。

综上所述，设计精良、由合格人员引领或交付的培训，是个人难得的学习机会，不容错过。

但是，在许多人看来，参加培训似乎太简单不过了：收到参训通知，安排好时间，去参加培训，最多提前看点儿资料，做些准备，或者课后完成一点儿"作业"。

如果是这样的话，我认为，你将难以有效地从培训中学习，也无法发挥培训的真正价值。

事实上，这也造成了一个令众多培训部门尴尬的窘境：员工培训与学习的效果差，转化率低。据霍尔顿（Holton III）和鲍德温（Baldwin）估计，大约只有 10% 的学习会转移到工作绩效中。在许多企业，培训甚至被戏称为"保健品"，看着似乎很需要，但实际却起不到什么功效，一些老板也认为这是一项没有什么回报的投资。

那么，为什么会出现上述状况？我们应该如何有效地从培训中学习，提高培训的学习效果？

从培训中学习是一个系统

在我看来，培训是一个系统。所谓系统，是由一群相互连接的实体构成的一个整体。因此，要研究培训效果受哪些因素的影响，需要考虑到构成这个系统的实体及其相互之间的关联关系。

一般来说，构成培训这一系统的实体包括讲师、学习者、学习者的领导（通常是业务或职能部门的领导）、教学设计与运营人者（或培训管理者）。

同时，在一定时间内，上述四类实体之间按照一个协同过程，存在着多方面的相互影响。大致而言，整个过程可分为需求调查、教学设计、课程开发、培训实施与交付、培训后跟进等环节，共有 10 个因素会影响培训的学习效果。

1. 学习者

首先，学习者是学习的主体。从学习者的角度看，有四个影响培训效果的因素：

（1）学习能力。

（2）学习热情。

（3）学习需求。

（4）学习目标。

也就是说，好的培训必须能够满足学习者真正的需求，有助于他们达成在工作、生活或发展方面的目标，这样就可以激发起学习者内在的学习动力与热情。

同时，学习者的学习能力也会影响到学习效果，而他们的积极性也会受到领导行为以及公司或团队文化等方面的影响。

2. 教学设计与运营者（或培训管理者）

教学设计与运营者是培训系统运作的枢纽，他们通过系统地设计一系列有目的的活动（被称为"教学项目"）来帮助学习者更好地学习，包括学习需求调研、设定培训目标、设计学习活动、教学活动组织与运营、培训后跟进与评估等。

所以，从教学设计与运营者的角度看，有两个因素会影响培训的学习效果：

（1）教学设计与运营能力。

（2）教学设计与运营质量。

简单来说，如果培训管理者具备较高的教学设计与运营能力以及工作热情，再加上学习者的学习需求明确、目标清晰、学习热情高涨，整个培训项目的教学设计与运营质量就会更高，培训效果就会更好。

3. 讲师

讲师作为教学项目交付中重要的一部分，会为学习者完成预定的学习过程提供必要的引导、辅助，有时也会参与到教学项目的设计中。

一般来说，他们需要是培训主题或内容方面的专家，不仅有相关的知识，也要有丰富的实践经验。同时，好的讲师需要精通成人学习的规律，具备良好的讲授与引导能力，能够把自己对培训主题的内容、见解通过适当的方式"传授"给学习者，让他们领悟、掌握相关的知识或技能，并给他们指导，回答他们的疑问。

从讲师的角度看，有两个因素会影响到培训学习效果：

（1）讲师和学习者需求的匹配度。

（2）培训交付与引导技巧。

简言之，如果讲师的能力与经验和学习者的需求越匹配，而且具备较高的培训交付与引导技巧，学习者学习效果就越好。

当然，在培训交付现场，讲师和学习者之间也存在紧密的连接。如果学习者热情高涨,积极提问并参与互动,就可以激发讲师的热情,从而提高学习效果。对此,我们将其纳入"学习者的热情"因素之中,不单列。

4. 业务领导

在培训系统中,领导不仅负有以身作则、为学习者提供指导、督促学以致用的职责,也有责任营造并维持一种能让员工积极学习并将所学应用到工作中的环境,包括在时间、权限、资源等方面提供支持。

有研究表明,领导的跟进与督促对于培训后的"落地"、行动转化有积极的促进作用。

同样,在组织中,各级领导(尤其是最高领导)的行为通常会对组织文化产生较大影响,并且他们掌握着调度与配置资源的权力,因而对组织成员的学习及其转化具有显著影响。同时,领导的心智模式等也会制约其自身的学习,并对组织文化、价值观有着重要的影响。

所以,从领导的角度看,影响培训学习效果的因素包括以下两个。

(1)资源支持:具体体现在各级领导对人才招募、选拔、任用、发展的重视及其实际效果。它既包括提供类似培训预算之类的资金支持,也体现在招募、培养教学设计与运营人才,参与并支持培训的策划与实施。

(2)对培训的支持力度:就像老子所说的"行胜于言",

"以身作则"是影响他人的基本途径,为此,各级领导要以身作则,积极参与培训,并以实际行动体现对培训的支持,包括培训之后的行动改进。

在上述因素当中,组织的人才管理能力会影响管理者提供的资源,在一家真正重视人才的企业中,各级管理者都会在人才招募、任用、培养方面投入更多的精力,给予充分的重视。

同时,在一家重视人才发展的企业中,也会有较高水平的教学设计与运营人才队伍,并且企业会给他们提供更多的资源以及激励,使其发挥更大的价值。

总而言之,上述四类主体之间存在很多复杂且微妙的相互连接,会对学习效果及其转化产生影响。概要来说,有八个相互增强的反馈回路(见图 7-1)。⊖

(1)学而时习之,不亦说乎

如果学习者的学习热情高,学习效果就会更好,而这又会让他们体会到学习的乐趣,进一步激发他们的学习热情(见图 7-1 中 R1)。

(2)自我超越引领成长

如果学习者有清晰的愿景,就会有明确的学习目标,从而产生较大的"创造性张力"(参见第 3 章),让他们产生改变现状

⊖ 本图使用的方法是邱昭良博士发明的"思考的罗盘",欲了解此种方法的说明及操作指南,请参阅《如何系统思考》(第 2 版),邱昭良著,机械工业出版社,2021。

第 7 章 充分利用好培训

以实现愿景的学习需求。这有助于激发学习者的学习热情，从而提升学习效果。

与此同时，随着能力的提升，学习者可以更有效地改变自身的现状，这会进一步提升个人的信心，使得个人目标进一步提升（见图 7-1 中 R2）。

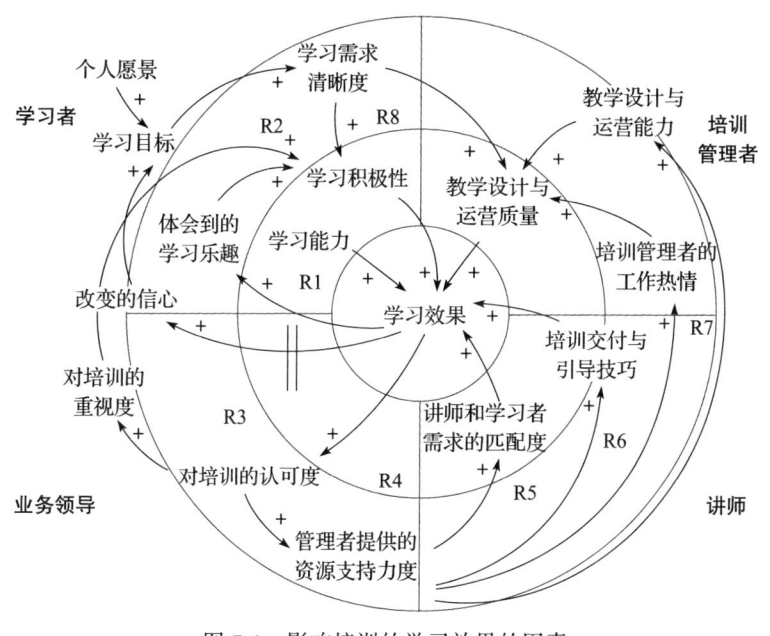

图 7-1 影响培训的学习效果的因素

（3）领导以身作则，"上行下效"

学习效果越好，也就会让领导愈发认同培训的价值，从而加大支持力度，这将进一步提高学习者的学习热情，提升学习效果（见图 7-1 中 R3）。

173

（4）资源支持

如果学习效果好，管理者就会认可培训的价值，就会愿意提供更多的资源支持，无论是外聘高质量的讲师，还是从内部甄选、培养优秀的业务或管理专家作为内训师，都可以提高讲师和学习者的匹配度，往往也会有更高的培训交付与引导能力，从而提高学习者的学习效果（见图7-1中R4、R5）。

（5）教学设计与运营助力

如上所述，如果学习效果好，领导者认可度高，就会给培训管理者提供更多更好的资源与支持，这有助于提高培训管理者的工作热情，从而提升教学设计与运营质量，进一步提升学习效果（见图7-1中R6）。

相应地，如果领导认同度高，他们也就会重视人才发展、提升培训管理者的素质与能力，从而有助于培训管理者的教学设计与运营能力的提升，使学习项目设计与运营质量更高，学习效果更佳，这也是一个良性循环（见图7-1中R7）。

此外，如果学习者有明确而清晰的学习需求与目标，培训管理者就容易抓住痛点或"刚需"，精心设计并运营好培训项目，就会实现良好的学习效果。如上所述，这会提高个人改变的信心，从而引发自我超越，促进学习需求与目标的明确，形成一个良性循环（见图7-1中R8）。

需要强调的是，上述五个方面、八个自我增强的反馈回路，对于企业来说并不总是"好消息"。事实上，如果某些方面的因素不到位，让学习效果不好，上述回路就会形成"恶性循环"，让企业培训深陷泥潭之中。

更常见的情况是，上述变量之间存在很多复杂的相互关联、此消彼长，使培训效果产生各种预想不到的变化动态。

因此，上述五个方面正是企业提升培训效果的"抓手"。要想让培训取得预期效果，需要从教学设计与运营者（培训需求挖掘、分析与设计、跟进）、学习者、培训师、管理者等多个角度努力，综合采取措施，并协调配合。只有各个方面相互配合，上述 10 项要素相互协调，各个环节落实到位，培训的学习效果才能得到保证。任何一个环节缺失或不到位，都可能影响到学习效果。这是一项系统工程，并不容易实现。

那么，作为个人，应该如何利用培训机会，更好地从培训中学习呢？

如何更好地从培训中学习

作为个人，要想充分把握培训这样难得的学习机会，有效地从培训中学习，需要从培训前、培训中、培训后三个阶段，把握如下六个关键要点。

1. 培训前

虽然培训是职场人士难得的学习机会，但是，并不是每一次培训都适合你、你都要参加。因为形式服务于目的，符合我们需要的培训，才是我们需要参加的。

为此，要有效地从培训中学习，第一步就是选择适合自己的培训。接下来，你需要认真地做好培训前的准备。

（1）精心选择

在当今时代，我们其实有各种各样的渠道接触到数不胜数的学习机会。培训也是如此。比如，我们可以按照资源是面向内部还是外部、学习周期的长短两个维度，列出很多种培训形式（见表7-2）。

表7-2　各种可能的培训形式

	短　期	长　期
组织内部	• 主题分享或结构化研讨 • 面授培训 • 在线学习课程	• 专项培养项目（如后备干部、高潜力人才培养等）
组织外部	• 面授培训 • 在线学习课程/知识产品	• 正式学历教育与继续教育 • EMBA/EDP项目 • 资质认证培训 • 主题知识产品或服务

例如，正式学历教育与继续教育（如高等自学考试、在职研究生等）、EMBA/EDP项目、资质认证培训（如美国项目管理协会（PMI）的项目管理专业PMP认证、国际人才发展协会（ATD）的人才发展专业人士CPTD认证等）都是面向全社会的，一般时间较长，持续数年或数月；某家企业组织的专题面授培训，如销售技能提升、复盘、系统思考等，则仅面向组织内部，一般来说持续时间较短（少则1～3天的集中学习，多

则数周的混合式学习)。当然,组织内外部还有大量其他专题培训,以及海量的在线学习课程、知识产品或服务等,也属于正式学习范畴。

那么,我们如何知道哪些培训或者某次培训是不是适合自己呢?

首先,这取决于你的学习需求和策略。如果你有明确的学习需求(参见第3章),再根据第4章中所述的选择学习方法的逻辑树(见图4-3),你就可以知道自己应该参加哪些培训。之后,你要么"主动出击",在组织内外部选择适合自己的培训,要么"守株待兔",留意身边何时出现适合你的培训机会。

其次,在知道了某次培训机会之后,要快速地评估,看看它是不是适合你。具体来说,至少要考虑如下两个方面的因素:

- 看看培训内容是否适合自己,包括当前工作、能力方面的需求,以及未来发展的需要。
- 看看培训老师擅长哪些方面、有哪些经验,他是否能够帮到自己。

需要提醒的是,在评估时,不要想当然地根据主题一扫而过,而是要详细地参阅培训的学习目标、内容提纲以及讲师简介等资料,客观、审慎地做出判断。

（2）认真准备

在确定了参加培训之后，要认真进行准备，明确学习目标，做好计划，包括但不限于：

- 提前搜索一下相关的学习内容，进行预习。
- 梳理自己在哪些地方可以用到培训内容，明确自己的学习目标，越明确、越具体越好。
- 安排好手头的工作，确保可以准时参加培训，并且在培训过程中，全心投入，不受干扰。
- 做好学习及应用、实践计划。如果是信息类培训，要明确复习的节奏；如果是应用、技能类培训，既要定期复习，又要考虑到后续的应用及复盘等环节。

2. 培训中

培训属于正式学习，具备一次或数次或长或短的学习过程。这是实现知识转移不可或缺的环节，对于学习效果也有着显著影响。因而，在培训中，应注意以下两点。

（1）全情投入

从本质上看，参加一次培训活动，是个人从讲师和同学身上获取新信息、对其进行理解、消化吸收的过程。虽然有些在线学习课程可以按照自己的节奏多次观看，但对于大多数培训来说，学员与讲师或引导者之间、学员之间面对面接触的时间是有限的，难以复现，也因而是弥足珍贵的。所以，参加培训时，应全程参与，认真听讲、积极思考，把老师讲的内容全部听进去，理解到位。

如果是概念、原理、信息类培训，应进行自测，确保理解到位，并能够在新的情境下灵活使用。

如果是操作、技能类培训，则不应停留于理解的层面，还要学会操作。在培训现场，老师一般会进行技术动作的讲解、示范，有时也会给学员练习的时间，此时，不仅应认真聆听，观察示范，理解操作要领，而且要按照老师的要求，积极动手，澄清练习过程中的疑问，并及时反馈练习结果，确保"会操作"。

如果是情感、体验类培训，应在理解精髓的情况下，明确相应的行为规范和应用要领，能在老师指导下做出正确的价值判断。在这方面，可以考虑使用比喻、讲故事等方式，确保引发的态度或情绪反应一致。

在学习过程中，如果有问题，应及时提问，不留疙瘩或死角。否则，事后你要应用时，可能就会受到不利影响。

至关重要的一点是，要有开放的心态。既要积极调动自己过往积累下来的经验、规则，又要不受既有心智模式的限制；既要兼收并蓄，又要有自己可以自洽的信念导航或知识体系，就像荀子所讲，保持"虚壹而静"的状态。

此外，对于一些有其他参与者（"同学"）的学习活动，不仅要听老师讲，也要积极与他人互动，广博地汲取多方面的信息。在有些情况下，同学是各有所长的，彼此之间的研讨、分享也能起到令人豁然开朗的效果。

（2）定期复习

除了异步在线学习可以随时随地观看或复习之外，大部分培训（尤其是面授培训）都是不可复现的，也就是说，培训结束之后，老师和学员甚至并不再面对面地讨论相关话题。因此，学习者应在课后及时复习，以便在使用时能够记得起学习内容的要点。

按照人类学习的基本规律，在培训现场使用的多是感官记忆和工作记忆，而其能否转化为长期记忆，主要取决于学习者能否将培训中所获得的新信息与学习者已有的信息连接起来，并且通过间隔重复（spaced repetition），强化这些连接，提高提取力。

3. 培训后

作为一种学习方式，仅仅参加培训是不够的，要想让学习真正发生，必须改变自己的行为，并且通过练习、复盘，将其内化为自己的能力。为此，在培训后，要做到以下两点。

（1）应用练习

古语云：知易行难。即便在培训时理解了，通过示范、练习也会操作了，事后也复习了，如果不学以致用，仍然只是"知"，那么到了真正使用时，可能会遇到各种各样预想不到的问题。为此，学习者最好能趁着记忆犹新、热情和动力犹高时，尽快找机会真正应用，跨越"由知到行"的鸿沟。

同时，就像俗话所说的"熟能生巧"，要想形成能力，必须多加练习。事实上，对于专家而言，他们必须掌握一些核心技能，如果只是会了却不能熟练使用，是远远不够的。

即便是信息和态度类培训，除了做到定期重复、形成记忆之外，也要在工作中加以应用，或展现出适当的行为。

在这个过程中，企业大学或培训部门应当提供相应的支持，包括培训后跟进、督促、提供方法和工具的支持、组建学习者的交流社群、与学习者的上级配合、提供相应的条件与资源等。

（2）勤加复盘

每一次练习之后，都要进行复盘，将实际使用过程及结果与自己的预期对比，并进行分析、反思，找出它们之间差异的根因或成功的关键要素，逐渐理解精髓、把握关键，并能够根据实际情况，对原来学到的内容进行拓展。

综上所述，对于每一次培训，如果你都能坚持走完这六个步骤，那么你就可以充分把握每一次难得的学习机会，让培训为我所用，助我成长。

反过来讲，一次培训要想称为好的培训，需要在教学设计、交付与运营三个阶段做到位，控制好各方面的影响因素（见表7-3）。因此，要想有效地从培训中学习，提高培训的效果，殊为不易。

表 7-3 如何做一次好的培训

	好的培训	不好的培训
教学设计	• 有明确的人群定位，与个人工作或发展紧密相关 • 内容经典、严谨 • 教学过程经过精心设计，符合成人学习特点	• 许多培训未经过有效设计，内容与过程残破不堪，不符合学习者的需求 • 多数培训与工作的关联度不大 • 针对性不强
交付	• 讲师具有必备的专业性和知识积累，并且与学习者有较高的匹配度 • 学习者能够意识到培训的价值，积极投入	• 讲师资质与经验不够，或者与学习者需求不匹配 • 学习者不珍惜培训机会，上课不专心、不主动
运营	• 事先确认需求，认真准备，激发学习者的热情 • 事后跟进，提供绩效支持，促进行动落地	• 未做好培训前的需求调研、学习热情激发以及预习 • 未做好后续跟进，即便学到一些东西，回去以后也没有行动

思考与练习

1. 从培训中学习有哪些优势，有哪些劣势或不足？只有明确一种方法的优劣势，才能扬长避短。
2. 作为一个系统，从培训中学习有哪些关键要素？
3. 如何更好地从培训中学习？要注意哪些关键要点？
4. 对照自己的目标，分析哪些学习需求可以通过培训来实现？
5. 如果近期你有机会参加培训，请按照书中所讲的要点认真准备。

CHAPTER 8

第 8 章

从读书中学习

这一段时间,李天丰颇有些郁闷。

上个月,他排除万难,参加了公司组织的销售培训,的确感觉大有裨益,不仅较为系统地帮助他梳理了销售的流程、关键节点、常用的方法,还给出了一些练习、真实案例。讲师也很有功力,他工作中的一些疑问都得到了一定程度的解答。事后,他庆幸自己当初做出了正确的选择。

培训后,他有意识地应用了老师在课堂上讲授的一些方法,对自己的工作的确有不小的促进作用。

同时,他还下单购买了老师在课堂上提到和推荐的几本书,打算系统地看看那些书。

但是,读书太枯燥了!因为他工作很忙,有时候只能在晚上抽空看书，但是，忙了一天，本来就精疲力竭了，一打开书，倦意就涌上心头，看不了几页就犯困。再说了，刷刷短视频、回回微信，时间很快就过去了。

这都好多天了，他当初买来的那几本书只有一本翻了十几页，其他的甚至连包装的塑封都还没拆！

唉，这可咋办呢？

读书：最基本的学习方式之一

莎士比亚曾说过："书籍是全世界的营养品。"中国人也有"书中自有黄金屋"的说法。毫无疑问，读书是我们最基本、最主要的学习方式之一。

不管你个人多么擅长从自身经历中学习，面对纷繁复杂的世界，那必定也是有限的。因此，通过读书等方式广泛地向他人学习，就成了我们每个人成长不可或缺的重要途径。就像荀子所说："不登高山，不知天之高也；不临深溪，不知地之厚也；不闻先王之遗言，不知学问之大也。"(《荀子·劝学》)

即使在当今信息泛滥的时代，读书对于武装我们的头脑、滋养我们的心灵，也是非常重要的。正如詹姆斯·马奇所说：个人和组织习得的知识，大部分不是从自己的工作经验中获得的，而是源自专家提炼、经过实践验证和广为传播的"学术知识"。[一]

[一] 马奇. 经验的疆界［M］. 丁丹, 译. 北京：东方出版社, 2017.

就像我多次重申的，任何一种学习方式都是既有优势也有劣势或不足，读书也是如此（见表8-1）。

表8-1　读书相对于其他学习方式的优劣势

读书相对于……	优　势	劣　势
复盘	• 快捷、广博 • 总结、提炼的内容质量可能更高	• "纸上得来终觉浅" • 有一定的抽象度，需学习转化 • 情境差异
向高手学习	• 更容易获得 • 有时更为经典或系统	• 比较枯燥，不够生动 • 缺乏针对性
培训	• 成本较低 • 时间上更为灵活	• 比较枯燥，学习形式单一 • 无法演练，不便于技能传授 • 如果有问题，无法及时请教
基于互联网的学习	• 质量或可信度更高 • 干扰少	• 数量、类型有限 • 及时性稍差

概括而言，读书的优势包括：

- 相对于复盘，读书所能涉及的面更为广博，没有个人实践在数量和类型上的局限性，也可排除场景的偶然性；同时，一般来说，由于图书的出版需经作者反复锤炼、出版机构审核，因而其总结、提炼的内容可能比自己复盘得来的经验或教训质量更高。
- 相对于向高手学习，图书更容易获得，因为有时候你身边未必有真正的专家；同时，图书的内容可能比你身边高手的指教质量更高，更为经典或系统。
- 相对于培训，读书通常成本更低，而且时间上更为灵活。
- 相对于基于互联网的学习，读书更为经典，因为大多数图书都是经过了"把关",内容的可靠性更强,而且阅读纸质图书干扰更少。

尽管如此,读书也有劣势或不足,包括但不限于:

- 相对于复盘的生动、具体、有针对性、"知行合一",读书就是名副其实的"纸上得来终觉浅",不仅内容有一定的抽象度,而且也存在情境差异,需要学习者自行理解、消化吸收,再结合实际场景灵活应用。
- 相对于向高手学习,读书比较枯燥、形式单一、不够生动,而且缺乏针对性。
- 相对于培训,读书比较枯燥、学习形式单一,而且无法演练,不便于技能传授;如果有问题,无法及时请教。
- 相对于基于互联网的学习,读书的数量、类型有限,而且不能实时更新,及时性稍差。

在了解了读书这种学习形式的优劣势之后,我们应该如何从读书中学习呢?

你真的会读书吗

说实话,读书看似简单,其实并非如此。我在和一些朋友交流时发现,关于读书,大家普遍存在如下困难或挑战:

- 读书少：有的人已经很少读书了，一年也读不了几本书。据权威部门调查，2020 年，我国成年人人均纸质图书阅读量仅为 4.70 本，即便加上人均电子书阅读量 3.29 本，也只有 7.99 本！[一]
- 读不下去：有的人即便买了一堆书，想读也读不下去，有时候断断续续地，数个月也读不完一本书。
- 不知道为什么读：许多人读书并没有明确的目的，只是感觉需要读书。如果没有明确目的，你的收益也很可能只是碰运气。
- 不知道读什么：许多人不知道该读什么，只是什么热门读什么，什么新读什么，或者看到/听到其他人在读什么、推荐什么就读什么，根本不成体系，东一榔头西一棒槌，毫无章法。
- 不知道怎么读：在大多数人看来，读书似乎就是拿起书来逐字逐句地读，其实并非如此，不同的书应该有不同的读法。
- 读书后没收获、没行动、没变化：即便读完了一本书，也似乎没有什么收获，过一段时间就忘了，更谈不上有什么后续的行动或变化。
- 电子阅读：我身边绝大多数朋友都通过手机或网络来阅读或获取信息，电子阅读的比例越来越高。据调查，手

[一] http://www.nppa.gov.cn/nppa/contents/280/75981.shtml.

机和互联网成为我国成年人每天接触媒介的主体，数字化阅读方式（网络在线阅读、手机阅读、电子阅读器阅读、Pad 阅读等）的比率逐年上升，2020 年达到了 79.4%。但是，许多朋友反映，电子阅读经常受到干扰，很难保持专注或深入思考。

那么，我们应该如何读书呢？如何才能从读书中获得更大的收获呢？

五步读书法

作为一种常用的学习方式，如何读书已经是一个老生常谈的话题。基于个人的体会，我整理出了一个"五步读书法"，包括五个步骤。

1. 明确目标

虽然我们经常听说"开卷有益"，但因为每个人的时间与精力是非常宝贵的，面对浩如烟海的书籍，如果你没有目标，今天看到一本书，就读这本书，明天听到别人推荐某本书，就去读那本书，最后很可能是既浪费了时间，也没有什么效果。

在我看来，只有有了明确的目标，我们才能不迷失方向，才能事半功倍。为此，读书必须有明确的目标。

有了明确的目标，我们就可以主动地选择对自己有益的书籍，保持专注、聚焦，以提高学习效果。

在制定目标时，需要重点考虑如下三方面的问题。

第一，你当下的学习需求和重点是什么？根据第3章所述，综合评估、确定自己的学习需求，至少应考虑如下三个方面：

- 当前需求：你目前的主要任务是什么？要解决的最大难题是什么？哪些是比较重要且紧急的需求，需要优先考虑？
- 未来发展：我们经常讲，"人无远虑，必有近忧"，我们读书不能只是为了解决当前的问题，更应该考虑未来想往什么方向发展，让读书成为支撑自己未来成长的阶梯。
- 个人兴趣：我们都知道，兴趣是最好的老师，有了兴趣，就有了劲头，可以废寝忘食。因此，充分考虑个人兴趣，也是确定目标的主要因素。

基于这三方面的需求，可以定义出你需要关注的知识内容或主题，设定目标，明确自己到底想要什么。

第二，根据第4章所述的方法，看看哪些需求可以通过读书来实现，将这些需求一一列出来。

第三，对于每一项需求，进一步明确：通过读书，想实现的具体目标是什么。

2. 选对好书

目标明确之后，就要评估自己的现状，基于当前的知识基础，选择要读的书，并制订相应的计划。

对于选书，我觉得有四种方法。

（1）请教高手

初学者在选书时，往往无从下手。在这种情况下，找到并请教业内专家，或者一些在你要学习的方面有研究或建树的高手，听听他们的建议，可能会事半功倍。

（2）认真分析

从我们的需求入手，看看自己已经掌握了哪些知识，还需要学习什么技能，据此确定系统的读书学习计划——围绕某一个知识领域，进行"主题阅读"，有顺序地读一系列相关的书，而不是泛泛地或无序地这儿读一点、那儿看一段，更不要一味地追逐潮流、热点。

在进行主题阅读时，建议先从经典入手，之后再逐步扩展，深入到相关的细分领域。虽然一些书可能已经出版很多年了，但它们就像那个领域的定海神针一样，是各种变化的基础。如果你把经典吃透了，就像房子有了稳固的地基，便于未来的发展。否则，就有可能迷失在"丛林"之中，吃力不讨好。

我个人的经验是，如果没有老师或高手可以请教，考虑如下两个途径：一是通过搜索引擎、论坛、问答网站等，找到一些意见领袖、推荐书目或阅读清单；二是去图书馆，阅读一些权威学术杂志上相关主题的论文，从文献回顾中往往可以找到这个领域的专家，阅读他们的代表作。对于前一种做法，需要甄别其信息质量，因为互联网上的信息可能是泥沙俱下、良莠不齐，的确有高手，但也很可能以讹传讹；后一种做法虽然传统，但可能更靠谱一些。

（3）做足功课

在选书时，多看一些书评、推荐，并对作者的背景、功底、资历等进行鉴别。例如，若你选的是一本学术读物，那么作者是否有足够的理论功底和学术造诣？如果你选的是一本实践参考手册，那么作者是否真正做过，是否有丰富的实践经验或咨询经历？同时，作者之前是否出版过这方面的书籍，口碑如何？从这些事实中可以看出作者是否善于总结、提炼。

同时，如果有条件，还要看作者给出的行动指南是否有实操性，同时又有一定的普适性。二者其实在一定程度上是相互矛盾的，需要把握好度：若过于具体，可能只是在某种特定情况下有效；若过于抽象，则很难有实操性，只是空洞的理论、想法或干瘪的原则，还需要读者自行领悟、消化。在这两种情况下，读书的效果可能都差强人意。

（4）搭配合理

在选书时，一个值得考虑的因素是，就像饮食一样，读书也要讲究营养搭配、膳食平衡。在这方面，中国台湾出版人郝明义写过一本书，叫《越读者》，他用饮食来比喻读书，认为我们读书就像吃饭，有四类需求。

第一，主食，如米饭、馒头等，让我们吃饱。这主要对应的是生存所需的阅读，是为了应对个人在职业发展、工作、生活、生理、心理等方面的一些现实问题而读书，目标是寻找直接可用的解决之道。

第二，美食，像鱼、虾、牛排等，是我们补充蛋白质的高营养食物。这主要对应的是思想需求的阅读，可以帮助我们思考人生，领悟世界的智慧，探究一些问题或现象的本质。虽然这类书很难消化，但对我们长身体、强壮体魄是很重要的。

第三，蔬果，可以帮助我们吸收纤维素，有利于新陈代谢。这对应的是工具、指南方面的需求，是为了帮助我们查证阅读过程中不了解的字义、典故与出处等而进行的阅读。

第四，甜食，如饭后的蛋糕、冰激凌或日常的糖果、零食等。这对应的是仅供消遣、娱乐或以调剂、补充为目的的阅读，也可能有开阔视野的功效。

总之，我们读书也要讲究营养平衡，根据自己的体质，组合出一个阅读食谱，这也是一个很好的思路。

在当今时代，大家都"很忙"，几乎没有时间看书，尽管如此，我觉得"主食"类的书籍还是应该尽量保证。为此，你可以结合自己当前的实际需求，选择一些实用的书籍来阅读，包括一些具体的指南、方法论之类的书，看完之后，马上用以指导实践，促进问题的解决或绩效的改善。这类书籍强调实用性，方法明确、具体，具有较强的可操作性，结合读者实际的应用场景，往往可以快速见效。

之后，为了让你的生命更加丰腴、持久、健康，你还应该抽时间吃一些"美食",再搭配一些"蔬果"和"甜食",有滋有味,不亦乐乎?

3. 明确策略

不同的书有不同的读法。选好书以后,需要明确阅读的策略,也就是要有所取舍,区分轻重缓急。在读书时,我觉得有五种策略,分别适合不同的书:

- 不读:有些书是不用读的,包括一些无关的书、垃圾书。所谓无关的书,就是不在你的书单和读书计划中的书;所谓垃圾书,指的是一些炮制出来的快餐、拼盘,缺乏严谨性甚至正确性的书。如果读它们,只会占用或浪费你的时间,是对你实现目标的干扰,要尽量抵制。
- 浏览:有些书只需要快速浏览,包括主题知识领域内的最新图书(特别是一些商业畅销书),或者出于调剂、放松、休闲、开阔视野目的的阅读,如小说、传记、案例等。
- 备查:对于一些经典、规范的参考书、工具书,要放到手边、写字台上备查,时常翻阅。
- 深读:对于一些专业领域或实操类的图书、深入的案例分析等,要深入地阅读。
- 精读:对于那些经典、专业基础类图书,要精读,要完全吃透,为此,可能不只读一遍,还要反复读多遍。这一类书和前面提到的需要深读的书,不能随意地翻翻,不能蜻蜓点水般走马观花，也不适合用拆书等方法阅读，必须沉下心来，踏踏实实地读懂、读透。

4.掌握方法

凡事都有学问，读书也是有方法的。一些好的读书技巧和习惯，可以帮助你更好地读书，提高读书的效率，增强从读书中学习的效果。

基于我个人的一些阅读习惯，我给大家分享四个要点。

（1）尽量选择纸质图书

虽然电子书携带方便，但存在诸多方面的干扰，也不太适合写写画画，在我看来，可能更适合休闲型阅读或快速浏览，而不利于深思。至少对于我个人来说，还是读纸质书更"有感觉"，找一个不受干扰的时段，安安静静地享受阅读的快乐，并且进行深入的思考，是一种很美妙的体验。因此，对于一些需要精读的书，最好选择阅读纸质书。

（2）手脑并用

在读书的过程中，既要认真、专注，又要随手勾画出重点，并在书的空白处写下你的所思所想。因为从本质上讲，学习就是把新信息与原有知识进行对接，在他人观点或外部事实与自我理解及应用之间建立联结。随手写下你的理解、感想，就是将新知识与你既有的知识基础、过去的经验建立连接，是"用心"思考的过程，也有助于增强记忆。

（3）逐段、逐节、逐章地归纳、总结要点

读书需要及时总结、把握要点，可以将每一段、每一章的要点写在书的相应空白处，直到能用几句话把全书的核心观点总结出来，并写在书的最前面。这是把书由厚读到薄、逐步消化吸收、吃深吃透的过程。

（4）根据需要，做好知识运营

俗话说：教是最好的学。如果你要教别人，自己肯定得先把它搞清楚。所以，我认为，对于一些重要的书，要整理读书笔记、撰写书评，或者把该书的要点分享给他人。这也是一种有效促进阅读的方法。

当然，在这里，"教"并不是必须开发一门课去给别人讲授，而是指通过适当的方式，把自己的心得、感悟、收获与他人分享。事实上，就像任何学习活动一样，读书也要做好知识运营（参见第10章），才能让学习发生。

例如，对于信息类、认知类图书，输出读书笔记、书摘，并且制作"复习记忆卡"（见表8-2），进行定期复习，或者考试、自测，都是有意义的。

表8-2 复习记忆卡

需要复习的知识点	复习形式及时间点1	复习形式及时间点2	复习形式及时间点3

但是，对于实操类、能力养成类图书，必须主动应用，勤加练习，并在练习之后及时复盘（参见第 5 章）。为此，可利用我发明的"学以致用卡"（见表 8-3），制订详细的行动计划，以促进行动落地。

表 8-3 学以致用卡

我能应用的知识点/技能项是什么	具体措施	行动时间	目标或验收标准

在我看来，这四项读书技巧或习惯对于主题阅读，尤其是需要深读、精读的书，应该是有帮助的。

5. 形成习惯

最后，读书很重要的一个要点是形成习惯、持之以恒。这是很多朋友都面临的挑战。

根据斯坦福大学行为设计专家 B.J. 福格博士的研究，以及美国《纽约时报》记者查尔斯·都希格在其著作《习惯的力量》中提出的"习惯回路"模型，在我看来，要养成一种习惯，有四个要点。

（1）创造出一些提示信号

所谓习惯，就是在某种情境下做出某些行为的固定模式。因此，想办法创造出一些暗示（或信号），例如可以把书放到枕边、沙发旁甚至马桶上。这样，当你要上床睡觉时，想坐到沙发上看电视时，甚至是上厕所时，都可以随手拿起书来读上一段。事实上，按照福格博士的研究，你可以创作出类似这样的行动策略——"在……之后，就……"（比如"在上床之后，我就读10页书"），将提示信号与行为联系起来，有助于习惯的培养。

（2）从小的行为开始，循序渐进

许多朋友都觉得读书比较枯燥，的确，书上只有单一的文字及少量图表，没有声音和视频等多媒体形式。因此，面对厚厚的一本书，读书似乎是一件苦差事，不仅容易生出拖延症，而且很难坚持。怎么办呢？

在B.J.福格博士看来：B = MAP。[一]意思是说，行为发生需要具备三个条件：一是你想做（有动机）；二是你有能力，能做出该项行为；三是有相应的提示信号。因此，要想养成习惯，他提出了"微习惯策略"，也就是降低行动的难度，从很小、很具体、难度很低的行为开始做起。比如，不要一下子指望读完一本书或者几十页，你可以从"当我在沙发上坐下时，就读一页书"这样的"微习惯"开始，这个动作很小、难度很低，自然容易做到，这有助于你坚持下去。在你养成了这种小行为的习惯之后，就可以循序渐进，让读书成为惯常的行为。我认为

[一] B代表行为（behavior），M代表动机（motivation），A代表能力（ability）、P代表提示信号（prompt）。参见：B.J.福格著，《福格行为模型》。

这是一个可行的策略。

（3）及时庆祝

"人喜欢做自己喜欢做的事"，这句话听起来是废话，但是它背后隐藏着人性的规律。如果一件事情做起来让你感到开心、兴奋、有成就感，就容易坚持。因此，要想养成习惯，就要在做出某种行为之后，及时奖励、庆祝。这样可以把提示信号与行为联系起来，形成一种相对固定的模式，这就是习惯。

所以，在你完成了"读几页书"这一行为之后，要找到自己适合的方式庆祝一下，让自己体会到其中蕴藏的快乐和成就感，这有利于让读书变成一件愉快的事。例如，你可以在读完一章或一本书之后犒劳一下自己，或者把读书笔记晒一晒，和他人分享。

（4）激发起内驱力

任何行为的实施都会遇到阻力或挑战。在我看来，要养成习惯，最为根本的是找到内心的渴求。就读书而言，如果你把读书看成或者搞成痛苦的事，就很难坚持下来。相反，如果你能够享受到读书的乐趣，把读书、学习当作促进个人成长的快乐之事，就有助于形成习惯，甚至"上瘾"。

从本质上讲，读书是人类成长的阶梯，读书如饮食，是汲取滋养我们头脑与心灵的养分，可以给予我们力量，让我们的生活更加美好。因此，读书的确是一件快乐的事。

精读之道：从读书中学习的本质

如上所述，对于需要精读的图书，要把握从读书中学习的本质，掌握其中的关键要点。

从本质上看，通过读书来学习是一个"知识远转移"的过程，也就是说，书的作者在某个时间、空间把他头脑中的"知识"进行梳理、提炼，并以文字、图表的方式"编码"出来，而你在另外一个时空阅读到这些信息，需要对其进行"解码"，不仅要准确地理解作者的原意，而且要知道他在那种情况下为什么那么做，然后将你的理解转化为能够指导你在当前时空、具体场景中采取有效行动的策略，这样才算完成了一次跨越时空的知识转移。

从读书中学习并不容易。这里面涉及好多步骤，要经历好几重思维的转换，也会受到很多因素的影响。

在我看来，要想实现从读书中学习的"知识远转移"，需要经历四个阶段，我称其为"U型读书法"（见图8-1）。

1. 观其文

学习始于观察，通过读书来学习的第一步是接收字面信息。这一步不难，只要认识字，耐心、专心地看，就能做到。

但是，需要注意的是，如果你阅读的是古文或者外语书籍，就需要花费更多的气力。因为不同时代的人在遣词造句上有差异，不同国家的作者在表达上也有其特色，对同一个词语的理解也可能存在差异。

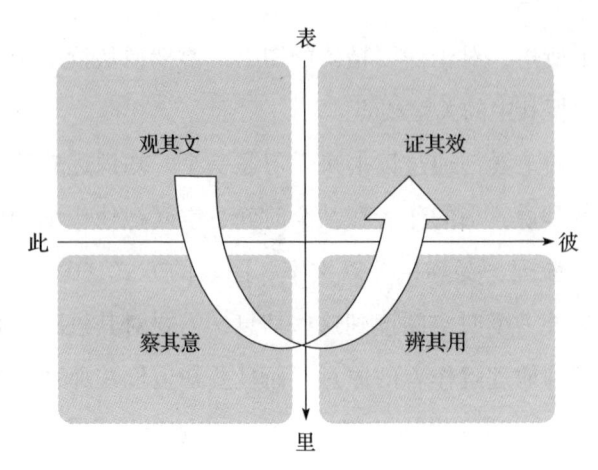

图 8-1 "U 型读书法"的内在逻辑

2. 察其意

要想从书中学习，必须读懂、理解每个字的含义，但是，仅仅这样肯定是不够的。我们要理解字面信息所蕴含的真正含义，也就是既要"知其然"，又要"知其所以然"。

要做到这一点，就得开动头脑进行思考，也要具备一定的理解力，并且有相应的知识基础，能够"还原"到作者写那些文字时的情境。只有这样，才能真正理解作者的本意。

3. 辨其用

学习的目的在于指导我们有效地行动，而不仅仅是"知晓"。因此，在"读懂了"之后，要联系自己当前的实际，思考作者的这些观点如何应用到自己当前的实际工作中。

相对于理解，这一步是个不小的挑战，我们甚至可以将其称为"惊险的一跳"，因为这需要从知到行，真正地付诸实践。很多人不擅长这一步，他们只是机械、刻板地读书，自认为自己了解了，殊不知只是"纸上谈兵"或者"死读书"。

4. 证其效

最后，你需要真正去行动，按照你理解的书上的精神或方法去做，之后通过复盘，看看哪些地方奏效了，哪些地方不管用。如果奏效了，分析真正起作用的是什么，是运气，还是自己真正掌握了事物的内在规律。对于不管用的地方，更要认真分析原因，看看是自己没有真正理解，还是书上所述的精神或方法有其适用条件，抑或只是运气不佳。

在以上四步中，第一步到第二步是"由表及里"的过程，要求用心，求得"真知"（通"常"）；第二步到第三步是"由此及彼"的过程，要求灵活，善于"权变"；第三步到第四步是从理论到实践，是"去粗取精""去伪存真"的过程。整个过程的轮廓像英文字母"U"，故而被我称为"U型读书法"。

当然，这与从自身经验中复盘学习的"U型学习法"（参见第5章）相比，二者内在的框架几乎是一致的，只是信息来源不同，所需技能与所要把握的关键要点略有差异。

一般来说，如果你读的书与你的实际应用场景差距很大，比如是古人或外国人写的书，作者所处的场景与你目前的状况可能有很大差异，虽然我们不否认这里面存在可以通用的"规律""常识"或人与事的"本性"，但是，这类知识很难直接"拿来"用，需要读者用心体会，领悟精髓，并结合当前实际灵活使用。对于此类状况，我称之为"远转移"。本书所介绍的"U型读书法"特别适用于"远转移"。

相反，如果书的作者与你所处的场景很接近（有可能是同时代或同类型的，我称之为"近转移"），书中所述的观点、方法也许可以直接"拿来"用。但是，我仍然强烈建议读者不能全盘照搬，仍应审慎地思考，确保自己读懂了，了解书中所述的方法、观点有无适用条件或边界，同时，做完之后也要及时复盘，进行验证和升华。

思考与练习

1. 从读书中学习有哪些优势，有哪些劣势或不足？
2. 对照读书的七个困难或挑战，客观地反思一下，自己有哪些困难或挑战，应该如何解决？
3. 参照"五步读书法"，结合自己的学习发展需求，明确自己的读书目标。
4. 根据自己的读书目标，参考本书所讲的技巧，确定自己要读的具体书目，并明确每本书的阅读策略。
5. 选择一本需要精读的书，参考"U型读书法"，进行深入研读。
6. 思考如何使自己养成阅读习惯，并采取具体行动。

CHAPTER 9

第 9 章

基于互联网的学习

当今时代,无所不在的移动互联网让全球成为一张大网,每个人都置身其中,须臾难离。

对此,李天丰深有感触。这不,不仅与同事、客户、好友的联系要靠社交媒体,电话都打得少了,公司里的很多工作事务、信息共享也离不开网络。除此之外,有了网络,工作与生活的边界似乎也模糊了。回到家里,哪怕是周末、半夜,领导和客户也能找到你。本想睡前看一会儿书,但还是少不了手机的干扰。即便是在公司内开会、培训,也总有人进进出出,不是这个人出去接电话,就是那个人在低头回信息,让人无法安心投入学习。

一开始,李天丰还觉得网络是一个取之不尽、用之不竭的

"知识宝库",自己有不明白的地方,去网上搜索一下,大多数时候都能找到答案。即使没有理想的答案,有时候到群里喊一嗓子,也往往会有经验丰富的"大神"跳出来,给自己支支招。更不要说还有数不清的电子书、直播和在线学习产品……这个看着不错,那个也是"大咖"推荐,简直是"乱花渐欲迷人眼",让人目不暇接,根本学不过来。

尽管如此,时间一久,天丰却有些淡淡的忧虑:我们看似更忙了,知道的好像很多,可是内心深处却更加焦虑了。而且,就像有位专家所说:互联网似乎让我们变得更加浅薄、浮躁。

这对于自己的学习到底是利还是弊?应该怎么更好地从互联网上学习呢?

谁也无法忽略互联网学习

自2019年年底开始,一场突如其来的新冠肺炎疫情,让全球经济、生活、教育方方面面都遭遇到了巨大挑战。一夜之间,几乎所有的会议、教育、培训都变成了在线举行。

其实,即便不考虑新冠肺炎疫情的影响,在过去十几年间,在线学习也早已登堂入室,甚至占据了企业学习的半壁江山。[一]

[一] "在线学习"(online learning)有很多不同的称谓,比如线上学习、电子化学习(E-learning 或 electronic learning)、移动学习(mobile learning)、虚拟化学习(virtual learning)等,指的是借助现代信息通信技术或电子化媒介来获取信息、传递经验。在本章中,我将其统称为"互联网学习"或"基于互联网的学习"。

例如，ATD 2021 年的调查报告显示，现在几乎所有的组织都在使用电子化学习，通过自主电子化学习（32%）和虚拟教室在线课程（35%）形式交付的培训占总培训时间的比例，累积达到了 67%。[一]在我所接触到的企业学习项目中，混合式学习更是标准配置。

除了企业培训以外，在教育和继续教育领域，在线学习也已成为常态。在全球各地，不仅从小学到大学都普及了在线教学，而且有大量课外教辅在线产品或服务供应商。

对于职场人士来说，除了可以登录企业内部的学习管理系统（learning management system，LMS）或移动学习平台（mobile learning portal），学习相应的在线课程或参加直播讲座，在企业外部，也有大量在线教育产品或服务可供选择。例如，你可以通过可汗学院（Khan Academy）或 edX、Coursera、Udacity 等 MOOC（massive open online courses，大型开放式网络课程，简称"慕课"）平台，免费学习到诸如麻省理工学院、哈佛大学等世界一流大学或公司的精品课程；此外，市面上还有形形色色的知识付费平台。

事实上，在当今时代，谁也无法忽视基于互联网的学习。

互联网学习更符合新世代人群的学习特性

更为重要的是，对于新世代人群来说，互联网学习更是符

[一] 2020 State of the Industry，ATD Research, 2021.

合他们的学习特性,被其青睐有加的学习方式。

在中国,我们常用"80后""90后""00后"来指在某一年代出生的人群,西方也有类似说法。一般来说,20世纪60年代中期到70年代末出生的人群被称为"X世代"(Generation X),20世纪80年代到90年代中期出生的人群被称为"Y世代"(Generation Y)或"千禧一代"(Millennials),20世纪90年代中期到21世纪前10年中期出生的人群被称为"Z世代"(Generation Z)。

随着时间的推移,老一代会退出历史舞台,新一代会崛起,这是亘古不变的历史规律。据美国人口统计资料显示,2015年Y世代在全体劳动力中的比例接近50%,而到2025年,Y世代之后的人群在全球劳动力中的比例将达到75%。

同时,新世代人群在学习、消费、社交等方面,与他们之前的几代人有着巨大差异。因此,大势所趋,那些符合"新人类"(Y世代和Z世代的统称)学习特性的学习产品或方式会繁荣昌盛,反之就会衰败,甚至被淘汰。

那么,"新人类"的学习有哪些特征呢?

综合国内外一些机构的调研报告,我认为,"新人类"在学习方面的主要特征包括以下四个方面。

1. 学习热情高

首先,"新人类"大多喜欢新鲜,不喜欢安于现状或墨守成规,愿意变革,善于创新。例如,美国培训与发展协会(ASTD,

后更名为 ATD) 2012 年的调研报告显示,Y 世代在同一岗位上停留的时间明显短于其以前几代人(平均为 2 年,而 X 世代平均为 5 年,"婴儿潮"期间出生的人平均为 7 年)。由此对学习带来的影响,一是他们乐于学习、善于学习,但保持注意力的时间较短,倾向于碎片化内容,以及简洁、清晰、准确、精炼的信息。正像一位研究者所观察到的那样:"把厚厚的讲义拿走,取而代之以简捷、明了的快速参考手册。"(Saving,2012)

2. 学习自主性强

其次,"新人类"将学习视为一种生活方式,有更强的自主性。据 Johnson Controls 公司 2010 年发布的《Y 世代人群与职场研究年度报告》显示,Y 世代在选择工作时,最看重的是"学习机会",其次是"生活质量"和"工作同事";56% 的被调查者偏好工作的灵活性,希望自主选择何时工作;79% 的被调查者偏重有变化而非稳定的工作。从学习特征上看,他们有自己的想法,更加主动思考、质疑权威,更善于提问题、动手尝试,而不是被动地听讲。

3. 喜欢互动参与及团队协作

第三,Y 世代和 Z 世代更善于团队协作。劳动力解决方案供应商 Kronos 公司 2019 年一份调查报告显示,虽然 Z 世代是技术达人,但他们在工作中也偏爱面对面的互动。例如,75% 的被调查者倾向于收到管理者面对面的反馈,只有 17% 的人倾向于通过技术工具的反馈；39%的人倾向于与团队成员的人际沟通，而不是通过文字（16%）或电子邮件（9%）。Johnson Controls 公司 2010 年的一次调查显示，41% 的 Y 世代倾向于团队协作。HARDI 教育研究基金会主任埃米莉·萨维（Emily Saving）认为：Y 世代是多任务工作者，可以实时处理多项内容，并与他人交互；他们也倾向于以团队形式进行学习，与他人的交互是他们学习的关键（Saving，2012）。

4. 数字化学习

第四，"新人类"是移动的一代、技术达人，他们是数字时代的"原住民"，是在各种"屏幕"（如电视、电影、电子游戏、电脑等）前成长起来的。爱立信消费者研究室一份网络社会报告显示，对于 Y 世代来说，在学期间，学生们把自己的智能手机、平板电脑和笔记本电脑等设备带入课堂，使得课桌日渐成为摆设。思科公司（Cisco）2012 年的一项调查显示，他们中的很多人是玩着电子游戏长大的，每 10 分钟至少就会去检查一次手机，他们普遍使用社交网络。因此，约 1/3 的 Y 世代"始终在线"，互联网对他们来说就像空气、食物和水一样重要；约 2/3 的 Y 世代在车上也会上网。报告中指出，每个人有 206 根骨头，而智能手机是 Y 世代的"第 207 根骨头"。据著名互联网研究机构皮尤研究中心（Pew Institute）2013 年的报告显示，青少年智能手机使用率快速增加，78% 有手机，约一半（47%）是智能手机；通过移动设备访问互联网已成为主流，74% 的被调查者通过手机、平板电脑和其他移动设备接入互联网,约 1/4 的青少年基本上只通过智能手机来使用互联网(Madden et al.,2013)。

综合以上因素我们可以看出,"新人类"是"超级学习者",他们对学习有着强烈的需求,也善于质疑、反思、团队合作,能熟练地利用各种新技术,尤其擅长或喜欢使用移动互联网、人际社交与游戏,因此,谁能利用好互联网学习,谁就将成为时代的"弄潮儿"。

互联网学习形式多样

互联网作为一个巨大的信息宝库和交流平台,可以提供的学习资源和学习形式很多。下面,我们从接入手段、媒体形式、教学组织方式以及学习性质等四个方面,简单介绍一下互联网学习的形式。

1. 接入手段丰富

从接入手段看,互联网学习形式多样,包括但不限于:

- 通过音视频播放设备进行学习(如传统的广播、电视大学)。
- 通过 PC 进行的电子化学习。
- 通过移动智能终端(如手机、iPad 等)进行的移动学习。

- 通过VR/AR、可穿戴设备等进行的仿真模拟、游戏化学习、元宇宙等。

2. 媒体形式多样

从媒体形式上看，基于互联网的学习也是多种多样的，包括但不限于：

- 基于文字的在线学习产品：如论坛、电子书、开放课件（OCW）。
- 基于音频的在线学习产品或服务：如播客、音频平台/App。
- 基于视频的在线学习产品或服务：如视频/微视频平台、在线学习平台（含面向组织内部的学习管理系统、移动学习平台，以及对社会开放的MOOC平台等）、直播、视频会议等。
- 基于互动参与的在线学习产品或服务：如仿真模拟、AI/机器人辅助教学、严肃游戏等。

学习者可以根据个人学习风格、使用场景、资源供应状况等因素，灵活选择。

3. 教学方式灵活

借助互联网，人们可以跨越时间、空间获取信息，进行协同与交流。按照课程交付（"教"）与学的时空属性，互联网学习可分为下列两类：

- 同步学习（synchronous E-learning）：指的是学习者、讲师、引导者各自位于不同的空间，借助直播、视频会议系统、虚拟教室平台等技术，在同一时间进行交流互动，其间可使用多种媒介形式，如实时文字、语言、视频，也可以播放录制好的音视频课件，进行测试、练习等活动。
- 异步学习（asynchronous E-learning）：指的是讲师事先开发、制作好学习内容（如文字、音视频等）与环节（如测验、练习等），学习者在另外的时间、空间，借助电子设备自主地学习，讲师和学习者不必同一时间露面交互。

4. 学习性质全面

就学习性质而言，基于互联网的学习既包括正式学习，也包括大量的非正式学习。

- 正式学习：互联网作为一种信息传播和交流手段，可以支持正式学习的实施。比如，一些设计、制作良好的在线课程（如精品 MOOC、公司内部 LMS 等）或知识产品，或者有明确目的、严谨议程的直播、在线教学（虚拟教室）等，都属于正式学习的范畴。
- 非正式学习：除了正式学习之外，个人可以通过信息浏览、搜索、参与论坛或知识社群的交流，以及社交媒体、即时通信软件等各种各样的方式，进行及时、自发、自我主导的学习。

需要说明的是，非正式学习并不意味着学习效果不佳或者不重要。事实上，就像教育学家约翰·杜威所讲的那样，真正的学习是一个需要积极参与的社会性互动过程，因此，最佳的学习方式是互动式学习。对于正式学习，如果没有互动，仅仅是被动地收听、收看一些信息内容，不管这些内容与形式如何酷炫，学习效果都是有限的。相反，在非正式学习中，可能包含更多由学习者主动发起的参与式活动，学习效果也非常不错。

比如，当你在工作中遇到一个问题时，你可以拿出手机，在一个有很多专家、高手或同行的微信群里"喊上一嗓子"，也许用不了多久就会有人给你支招，并且很有可能解决你的问题；或者，你也可以到知识问答平台上搜索一下，看看有没有相关话题的讨论。就像人们经常说的那样：太阳底下没有新鲜事。这些都是你主动实施的在线非正式学习的努力，它们有针对性，可以随时随地、按需学习，效果往往并不差。当然，此类学习的内容质量、系统性、结构性难以保证。

互联网学习的优劣势

如上所述，由于互联网学习的形式与内容众多，各种具体的学习方法有着不同的优劣势与适用范围。因此，在实际使用时，应更为具体地分析。

1. 互联网学习的价值

一般而言，互联网学习对于学习者的直接价值体现在四个方面。

（1）高效性

一方面，互联网打破了时间、空间的限制，学习者可以随时随地、简单便捷地获取所需的信息，或者与远隔千里的高手交流；另一方面，由于在线学习部署灵活，普遍采用了"碎片化学习"的策略，学习者可以利用"碎片化时间"进行学习，或者"按需学习"。[一]

（2）个性化

互联网是一个海量资源汇聚的平台，毫不夸张地讲，每个人都可以或多或少地从中选择到适合自己的学习内容。

同时，对于一些在线精品课程（公司内部部署的私有课程以及 MOOC 等），学习者还可以按照自己的学习节奏、学习风格、学习习惯以及个性化需求，实现自主学习、按需学习（on-demand learning）。

[一] 从个人实践的角度看，"碎片化学习"既包括利用碎片化时间获取信息，也包括循序渐进地积累"碎片化"的内容，进行知识建构，二者都是个人在信息时代学习的必备技能。

（3）低成本

姑且不谈互联网上存在海量的免费学习资源，仅相较于面授培训而言，互联网学习因可规模化，大多成本低廉。

（4）新可能

借助于仿真模拟、VR/AR、AI与机器人等新技术，互联网学习可以实现线下培训、读书等传统学习方式难以实现的新可能。

当然，对于企业来说，在线学习除了上述价值之外，还有易于开发与更新，可规模化、数字化，过程可管理或量化等优势，同时，在线学习也符合新世代人群的学习特性。因此，在线学习的迅猛发展并不是偶然的。

2. 互联网学习的劣势或弊端

在我看来，碎片化学习的劣势或弊端可能包括如下几个方面。

（1）质量参差不齐

不像传统知识产品通常有较为严格的审核环节，基于互联网的学习产品或服务制作以及审核、发布相对自由，因而质量参差不齐。

事实上，如果你所学习的碎片化内容未经过"系统的设计"，它们可能是片面的、零散的，你即便花了很多时间，把它们都学习完了，也可能效果不佳，完全没办法构建起一个体系。就像现在许多知识付费产品一样，由于缺乏良好的"碎片化设计"，学习过程也未被有效地指导和管理，因而普遍达不到预期效果。

（2）学习过程中的干扰和挑战

即使信息经过了"碎片化设计"，借助社交媒体和人们的碎片化时间进行学习，仍然面临诸如"专注力"的缩短、学习过程的"心理孤单感"以及对"深度思考"的干扰等挑战。例如，早在2010年，作家尼古拉斯·卡尔就在《浅薄：互联网如何毒化了我们的大脑》一书中提出了这一问题，他认为互联网会干扰人们的深度思考，让人变得浮躁。类似地，脑科学研究专家约翰·梅迪纳在《让大脑自由》中也指出：大脑处理信息的机制仍然需要专注，所谓的"多线程处理""多任务"模式只是人们虚妄的奢望。

因此，对于互联网学习，学习者可能需要具备较高的学习动机和自律能力。显然，这并不是每个人都能做到的。

如何对待互联网学习

互联网学习就像一个千变万化的万花筒，从不同的视角望过去会看到不同的景象，因而也是众说纷纭。在现实生活中，很多人在微信、微博、朋友圈等所谓"碎片化学习"上浪费了太多精力，身心俱疲，他们似乎知道了很多东西，但仔细回想起来，却效果不大。而且整天"刷屏"，每天忙于"追风"，被不同的热点牵着鼻子走，时间久了，就会感到倦怠。

那么，我们应该如何对待并利用互联网学习呢？

1. 基本态度：既不排斥也不过于依赖

在我看来，在移动互联时代，我们必须学会正确有效地进行互联网学习，既要充分发挥其便捷、广泛连接的优势，快速吸收对自己的知识体系构建、更新有价值的高质量信息，又不能对其过于依赖，让自己在"碎片化学习"上花费过多时间，甚至不做主题阅读、系统化学习，这样会很危险。这是一个基本原则。

首先，不能排斥或逃避。我坚信，以移动学习、微课、社交媒体为载体的互联网学习有其优势，如快捷、无边界，符合当今时代企业快速变化的业务需求，也广受"新人类"的欢迎，这将是未来学习变革的大趋势之一，任何人都无法逃避。我们不能对其不闻不问，一味采用传统学习方法。

其次，不能过于依赖。一方面，"碎片化学习"有其适用条件，最好能以体系化的"碎片化知识"为基础，并经过创新性的教学设计，确保知识的质量，至少也要确保提供的信息是准确、正确、科学的；另一方面，个人知识基础的构建也是一个持续的系统工程，离不开专注、深入的思考以及系统化的学习。因此，即使是在当今时代，我们也不能因迷恋新的技术或手段（甚至"上瘾"），而抛弃正式学习、系统化的学习。过分依赖"碎片化学习"并非睿智的选择，对于那些尚未建立知识体系和不掌握学习方法的学习者而言，更是如此。

事实上，这种取舍的智慧是我们在移动互联时代更好地生存和发展的核心技能。

2. 基本能力：学会鉴别与取舍

为了了解取舍与组合的智慧，让我们先来看一个简单的故事：

> 有一位农民甲，每天拿着一个洗脸盆，追逐天上的云彩，期盼着能下点雨，好让自己可以接点雨水，去浇灌地里的庄稼。结果，天上的云彩飘过来又飘过去，偶尔有一两场雨，他接到的也只有那一两盆，而他的耕田因为没有打理，土壤板结、沙化，根本存不住雨水。一季下来，虽然农民甲累得精疲力竭，可是地里根本长不出庄稼，颗粒无收。
>
> 另外一位农民乙知道，要想有丰硕的收获，首先需要精心打理自己的耕田，深耕细作，让土壤保持肥沃。其次，水是不可或缺的。但是，不能只靠天上的雨水，还必须有地下的泉水。为此，他选准一个地方，向下深挖，挖到了可以持续喷涌的泉水。这样，不下雨的时候，泉水可以持续地滋养他的耕田；下雨的时候，他的耕田里肥沃的土壤可以充分地吸收、蓄积雨水。因此，不管旱涝，农民乙的庄稼都郁郁葱葱，每年都是丰收年。

从这个故事中，我们可以得到下列几点启示：

第一，要想有良好的收成，离不开肥沃的耕田以及稳定、充足且恰当的水分。其中，雨水、泉水都是有价值的，仅靠任何一种方式浇灌庄稼都是有缺陷的：仅靠接雨水难以为继，但如果没有雨水的滋润，仅靠泉水，也会有枯竭的一天，耕田也会退化。

第二，要想充分地吸收雨水，必须有广阔、深厚且质地良好的耕田。如果耕田质量不佳，只顾接雨水并不睿智；相反，应优先考虑深耕、挖通泉水，这才是基础与根本之所在。

第三，要打理好你的"耕田"，其实是一个长期持续的系统工程（参见第1章），不会一蹴而就，也不可能一劳永逸。

与此类似，要想成为一个领域专家并持续精进，就需要不断用心打理、维护自己的"耕田"——每个人专注的知识领域、成型的知识体系以及知识积累。

对此，"雨水"与"泉水"都是不可或缺的："雨水"就是持续的"碎片化学习"，"泉水"则是更为深入、系统、持久的智慧来源。但是，要处理好二者的关系，必须根据自己的实际情况，灵活组合，以便耕田肥沃。

对于互联网学习，我建议你对以下两个问题进行自检。

第一，我是否建立了某一专业领域知识的架构或体系？

如果已经具备了系统、深厚的"耕田"，有了相对稳固而健全的知识体系，那么，利用碎片化时间，接收一些经过"碎片化设计"的信息（即"雨水"），或者对未经"碎片化设计"的信息进行批判性反思、有效鉴别,你就可以持续保持自己在这个领域的知识更新,这对你的学习和成长是有利的,也是持续精进不可或缺的。

相反,如果你还不具备这些基础,更为睿智的做法是先通过深入而系统地学习,打造体系化的知识基础(也就是挖通滋养你生命的"泉水"),不要把自己的精力都浪费到四处接"雨水"上,这将对你更有好处。

道理其实很简单:只有有了一片厚实、肥沃的耕田,才能吸收、蓄积雨水,并将其转化为滋养庄稼成长的营养。否则,如果你还没有自己关注的知识领域,你的知识还处于一盘散沙的地步,没有建构起相应的知识体系和积累,这样的话,你订阅了一堆知识产品,每天利用各种碎片化时间,听这个所谓的"专家"这么讲几句,听那个"大咖"那么说几段,或者这儿听听书,那儿参参会,时间看似花了不少,也接了不少雨水,可是你完全吸收不了,也没有什么留存。自己被淋成了一个"落汤鸡",忙得不行,但还是没有什么积累和建树。

在我看来,一个朴素而亘古不变的道理是:任何生长都需要时间。想要在一夜之间或者不经过艰苦的努力,就能够有所成就,肯定是不现实的。在当今时代,虽然信息传播速度很快,你可以廉价、快捷地占有大量的信息,但是,想要吸收、理解它们,形成自己的能力,并非一蹴而就。我们要想在某个方面有所建树,还是离不开专注、坚持和长期的努力。

如果你知道某个付费性知识产品,刚好是你希望关注的知识领域，同时它也是由那个方面的专家主讲，基本上品质不会太差，而且内容经过了有效的碎片化处理，那么，你付费去购买，然后利用自己的碎片化时间，按照计划去学习，快速了解这个领域的知识概貌，再配合上其他学习方式，就可以快速入门。这是有价值的。

要是没有这样的产品，我们只能自己通过读书、请教专家、系统地学习等方式，自己梳理知识体系，并积累必要的知识。之后，再去阅读收费性的知识产品，这样才是有价值的。

当然，根据我个人的初步观察，目前许多知识付费产品的质量并不高，它们还很难完全取代我们系统化的学习。也就是说，你想通过某一个或某系列知识付费产品，或者只是听听别人讲书、参加一些短时间的微信分享或直播，我觉得肯定是不够的。这一方面受限于技术手段，另一方面受限于知识产品的教学设计。

因此，如果你现在每天接受着各种"雨水"的滋养，但是还没有自己的知识体系和积累，我建议你尽快发现自己特别感兴趣的一些领域，然后赶紧停下来，别再忙着去接"雨水"了，而是要深入地去探究，系统地学习。为此，你需要制订一个主题阅读计划，也就是说，选择那些经典的书籍，进行系统化的阅读，深入地学习，或者制订一个系统的学习计划，保持专注，付出努力，就像你需要主动地弯下腰来，在你选定的田地里，认真地耕种，辛苦地劳作。这里面有方法和技巧，但没有捷径可走。

第二，我所看到的"碎片化信息"是否经过了体系化的设计？是否科学、可信？

如果你要学习的内容是一个体系，经过专业机构或人员的设计，那么，你可以按照其设计，一步一步地学习。相反，如果你看到的只是一片片孤立的信息，没有经过体系化的设计，或者设计质量不高，杂乱无章、逻辑牵强，最好放弃，不要浪费时间，除非你有能力对这些信息进行鉴别，能批判性地吸收。

同时，也要对信息质量进行鉴别。根据经验，可以通过如下几项标准来鉴别：

- *看信息发布方的资质*：是在某个领域有研究和实践经验的专业机构或人士，还是"网红"或"大忽悠"。
- *看信息发布的途径*：是发表在严谨刊物（经过审核的正式出版物）上的论文、还是未经评审的个人随想、杂谈（如博客、公众号等自媒体）。
- *听专业人士或高手的意见*：如果自己无法辨别，可以听听专业机构、权威人士或高手的意见。
- *个人判断*：如果得不到专业人士的指导，就需要自行进行信息的鉴别。其实，说到底，对信息的鉴别既是学习的结果，也是学习的过程。在移动互联时代，信息泛滥成灾，炼成一双"火眼金睛"，学会对信息的鉴别，是每个人迫切需要练就的本领。

举例来说，在 Coursera 和 edX 等平台上开课的老师和机构大都是世界级的权威机构，课程也经过精心、专业的设计，如果这些课程符合你的需要，你利用碎片化时间进行系统的学习，是很有价值的。相反，很多商业化平台上堆积了各个方面一大堆良莠不齐的音视频资料，如果想学习，就需要用心鉴别，不要漫无目的地胡乱学习。

综上所述，在我看来，要让基于互联网的"碎片化学习"发挥作用，需要具备三个条件：① 学习者已经具备了相应的知识基础和学习能力；② 认真选择适合你的、事先经过"碎片化"设计的系统化产品；③ 对学习过程加以有效的指导或管理。如果不具备这些条件，所谓的"碎片化学习"纯属浪费时间。

所以，在信息爆炸的时代，"雨水"很多，关键看你是不是有自己的定力和目标，同时有一双慧眼，睿智地选择符合自己所需的精品。一方面，要求我们有开放的心态，勇于接纳一些有价值的高质量知识产品，利用碎片化时间进行及时、持续的学习，不管是付费的，还是免费的；另一方面，也需要我们谨慎选择，因为相对于金钱而言，我们的时间和精力更为宝贵。

与此同时，我们仍然要沉下心来，摒弃浮躁，保持专注，选定自己的"耕田"，并能够深入地钻研，"深潜"到一些经典而持久的智慧源泉之中，挖通自己生命的"泉水"。只有这样，你才能不"靠天吃饭"，保持长期旺盛的创造力，并取得自己心仪的成就。

所以,你现在有自己的"耕田"吗?你是被七零八落的雨水淋成了"落汤鸡",还是挖到了自己生命的"泉水"?

互联网学习的策略与要点

如上所述,互联网不仅是人类历史上规模最大的人际连接平台,也有浩如烟海的信息。因此,互联网学习包罗万象。就像本章前面所讲的互联网学习的四种分类方法,它们并非孤立的,而是同时存在,也可以组合使用。

比如,在企业学习与发展领域,人们经常将学习性质与教学方式组合起来,将互联网学习划分为四大类型(见表9-1)。

表9-1 互联网学习的四大类型

	正式学习	非正式学习
异步学习	Ⅰ.经过教学设计、预先录制好、学员自主学习的在线课程(含各种媒体形式及"微课")	Ⅱ.浏览、搜索、论坛、问答、知识库
同步学习	Ⅳ.经过正式教学设计的直播、在线教学等	Ⅲ.比较自由、随意的直播和社群交流

1. 正式异步学习

得益于互联网技术的快速发展,电子化学习、移动学习也形成了蔚为大观的生态,无论是形形色色的内容提供商,还是平台、技术服务商,都能以相对低廉的成本为企业或个人提供基于网络的学习服务（包括"软件即服务"，即 SaaS）。因此，现在几乎每一家具备了一定规模的企业都搭建起了面向内部员工的学习管理系统（LMS），并通过外购、租用或内部开发等模式，建立了覆盖不同岗位和层级的在线课程体系，可以通过手机或电脑等多种终端来访问。在这些系统中，大量课程都是经过教学设计、内容相对经典或权威、预先录制好的，学员可在自己适合的时间、地点，按照自己的节奏或风格进行自主学习。这些都属于正式异步学习的范畴。

对于此类学习，可参照第 7 章所述的方法，按正式培训的模式，进行认真甄选、精心准备、积极参与。同时，也要做好知识运营（参见第 10 章）。

2. 非正式异步学习

相对于正式学习，互联网学习更多的是非正式学习。无论是搜索、浏览（包括文本信息、音频文件及短视频等）、论坛或社群交流，还是公司内外部的知识库、问答平台，都属于非正式学习。其中，如果信息交流不是在两个人之间实时发生的，就属于非正式异步学习。正如 ATD 主席托尼·宾汉姆所说，利用社交媒体进行协同、知识共享等，已成为"新社会化学习"的大趋势。

从个人角度看，非正式学习的优势是可以随时随地按需学习；劣势则是缺乏设计和过程管理，需要极强的自律性，内容质量与学习效果也可能因人、因事而异，当然也有可能产生

"意外之喜"。

在我看来，要利用好这一学习方式，需要注意下列要点：

- 尽可能聚焦：面对浩瀚无垠的互联网，你真正需要的、对你有价值的信息可能真的只是"沧海一粟"。因此，就像"80∶20法则"，在定期通过搜索、更新订阅等方式来保持信息渠道畅通、动态调整的情况下，要尽可能地聚焦，重点关注少量有价值的渠道即可。

- 发挥主动性：由于非正式学习没有经过设计，要想发挥效果，必须个人主动为之。因此，相对而言，搜索、订阅专门的更新通知就比单纯的浏览更为有效；关注适合自己学习需求的高手、加入有明确主题的讨论区或特定人群聚集的社群、主动发起话题讨论，可能就比漫无目的地提问、旁观更为主动、有效。

- 尽力排除干扰：虽然在使用互联网、社交媒体软件时很难不受干扰，但无论是靠个人自律，还是采取技术手段（如设置群消息免打扰、静音、群消息折叠等），仍需尽力排除干扰，保持专注。这是保证学习效果的基本条件之一。

- 持续尝试、更新、调整，打造适合自己的个人知识网络（personal knowledge network）：互联网是一个庞大无垠的公共平台，如果你漫无目的地闲逛，效率自然低下。但是，要是你能通过不断搜索、尝试、更新、调整，找到适合自己需求的一些"目的地",就可以快速访问,提高效率。这其实就是适合你自己的专属知识网络。

3. 非正式同步学习

近年来,即时通信、社交媒体、直播等互联网应用快速兴起。据中国互联网络信息中心(CNNIC)2021年8月发布的第48次《中国互联网络发展状况统计报告》显示:截至2021年6月,我国网民规模达10.11亿,即时通信用户规模达9.83亿,占网民整体的97.3%;观看网络直播用户规模达6.38亿,占网民整体的63.1%。作为网民最常用的互联网应用,即时通信除了用于娱乐、日常交流、购物,还大量应用于协同办公、业务拓展,应用场景日益丰富、广泛。相应地,以即时通信、视频会议、社交媒体等技术为支撑的非正式同步学习也蓬勃兴起。

由于非正式同步学习的特性,要想有效发挥其价值,需要注意下列要点:

- 除了关注少量精品、"牛人"之外,尽量远离非正式同步学习:由于非正式同步学习需要花费较多时间(甚至比非正式异步学习花的时间更多),而且其质量难有保障。因此,更需保持聚焦,除了关注少量精品信息渠道以及"牛人"之外,应尽量远离非正式同步学习。
- 与其消极等待或关注,不如主动出击:如第6章所言,向高手学习是学习效率最高的方式之一。在当今时代，互联网打破了我们人际沟通与协作的时间与空间限制。你可以根据自己的需要，通过即时通信软件、博客、播客/短视频平台等多种方式，拓展并维护人脉资源，并在合适的时机促成连接与互动。

4. 正式同步学习

在新冠肺炎疫情"催化"之下，以直播、视频会议、虚拟教室为代表的实时远程交流技术得到了长足发展。据 ATD《2020 年行业现状报告》调查显示，2019 年，大约有 70% 的组织正在提供讲师主导型虚拟培训；采用虚拟教室交付的学习时间占学习总时长的 19%。由此可见，同步正式学习已经成为职场学习的重要组成部分。

与此同时，在面向公众用户（To C）市场上，也出现了正式同步学习形态的知识付费服务。这些产品或服务一般都经过专业的教学设计，有人引领和管理学习过程，属于正式学习范畴。

同样的道理，对于正式同步在线学习，也应遵循与正式培训（参见第 7 章）类似的策略。

最后需要提醒的是，作为一种新兴的学习场景或途径，互联网学习处于快速变化之中，未来也存在无限的可能。对此，我们既要有开放的心态，又要根据自己的实际状况，学会有效率地使用，这是一项有待深入挖掘的崭新技能。

知识炼金术（个人版）

思考与练习

1. 基于你自己的理解，你认为互联网学习有哪些优势，有哪些劣势或不足？
2. 你认为应该如何对待互联网学习？
3. 对照你在第 3 章梳理的学习需求，看看哪些需求适合采用互联网学习的方式？如果适合，应该采取哪一种或哪几种具体的类型？
4. 基于你专注的知识领域，选择若干个符合你需要的互联网信息渠道（如网站、博主、社群、短视频创造者等），尝试建立个人知识网络。
5. 对你的互联网学习实践进行一下复盘，看看自己有哪些值得改进或提升之处？

CHAPTER 10

第 10 章

知识运营

销售是一个"手艺活儿",既是科学,也是艺术。经过一段时间的实践,李天丰对此感触颇深。因此,他觉得,要成为一个合格的销售经理,既需要搭建好扎实的理论基础,又要在实践中学习、锻炼。

所以,几个月前,李天丰请教了自己部门的一位工商管理硕士(MBA),让他给自己开了一个书单,自己利用工作间隙进行系统的阅读,并且联系实际,认真思考和琢磨,努力学以致用。同时,他也积极地向有经验的高手请教,并认认真真地对自己的每一个项目(无论成败)进行复盘,慢慢总结出了一些规律……经过一段时间的积累,天丰对销售工作越来越顺手,业绩也越来越好。这让天丰越来越有信心,干劲儿也更大了……

"天丰啊，最近你连续好几个单子都成了，不错啊！"

听到领导在例会上对自己的公开表扬，天丰心里美滋滋的。

"你看这样行不行？下周，你抽时间总结总结自己的经验，给咱们部门做个分享，让大家都学习学习。"

面对领导的请求，李天丰本想推辞，一是自己没有底，不知道能讲出什么东西来，二是公开给同事们分享，显得有些高调，容易遭到嫉妒，甚至孤立。但是转念一想，要是不答应，领导和同事可能也会觉得他不愿意分享自己的秘密。于是，他犹豫了一下，应承了下来。

"好，你好好准备准备啊，我很期待你能和大家分享自己拿手的'干货'。对了，天丰，下周咱们部门会有一位新招聘的员工报道，要不就让他跟着你吧，你好好带带他……"

"嗯，好的，谢谢领导。"

虽然口头上答应得很爽快，李天丰心里却有些不太乐意。他心想：自己的工作负荷本来就不小，一下子又多了两项任务，这对自己有什么特别的价值吗？这些工作一定要做吗？

如果你也和李天丰一样有类似疑问，我的答案是：是的，类似工作对你很有价值，当你在某个领域积累了一定的知识或技能之后，一定要重视并做好知识运营。这是你真正成为领域专家不可或缺的必备环节。

做好知识运营，实现"第三次跃迁"

所谓知识运营，指的是综合运用已掌握的知识和技能，使其发挥作用、创造价值，并及时更新、改进，保持其有效性。

按照我所讲的成长为领域专家的"石－沙－土－林"隐喻，在明确了目标，运用相应的方法，付出努力，具备了一定的能力之后，必须做好知识运营。只有这样，才能实现第三次跃迁——"积土成林"。

事实上，一旦固定了"沙"，在某个细分区域形成了"土"之后，"种子"开始发芽、生长，就会启动一个良性成长的循环——土壤质量越好，植物生长得越快，根扎得越深，从而形成更多的土壤，改善墒情和土壤质量，长出来的植物也会逐渐壮大并扩展开来。就这样，慢慢扩大，最终形成茂密的森林。

在这个隐喻中，"植物"是对知识的应用，也是创造和产出。在我看来，这是非常重要的，是维系终身学习状态的必要条件。一方面，学习的最终目的是应用，提高人们的行动效能；另一方面，应用也是最好的促进学习的方式，实践是检验学习成果、纠正偏差的最终标准。因此，在我看来，进入到"森林"的状态是一种理想的终身学习的境界，也是专家的必然状态。

为什么这么说呢？

首先，森林有足够的土壤，可以广泛而高效地吸收各方面的养分（雨水、阳光、空气和其他有机物），使其自身愈发壮大。

其次，森林是一个搭配合理、自我繁衍的生态体系，可以相互促进，自然地演进。比如，这里面有高大的乔木（是你的核心知识领域或成就），也有一些小树苗、小草或灌木（是与你的核心知识领域相关的支撑领域），这儿一丛，那儿一簇，生机盎然，孕育着新的潜能。也许有的树木枯萎了，但是另外一个地方又长出来了一棵新树。它是一个自然演进的过程。

更重要的是，它本身是一个学以致用、自我增强的过程：通过"学"，不断吸收雨水和养分，滋养这个生态，促进植物生长；与此同时，"用"也能进一步滋养、改良土壤，促进"学"，并改善、维系整个生态的运作。它不会自我封闭，不会抗拒、排挤，而是形成了一种持续学习、更新、成长的习惯，可以适应各种挑战，轻松而和谐，生生不息。

所以，我认为，一个人要想真正成为终身学习者，就要进入到"知识森林"这样一种状态。既有自己核心的专长领域，又有足够宽广的知识面和延展性，还有一个学以致用、教学相长、不断持续的循环体系。

个人知识运营的五个环节

按照我在《知识炼金术：知识萃取和运营的艺术与实务》一书中对知识特性的分析，任何一项知识或技能都有编码度、掌握度和扩散度三个维度：[一]

[一] 邱昭良，王谋. 知识炼金术：知识萃取和运营的艺术与实务[M]. 北京：机械工业出版社，2019.

第 10 章　知识运营

- 所谓编码度，就是在何种程度上，可以对知识进行表示、陈述——有些知识可以用文字、图表等方式表述出来，有些则可能"只可意会，不可言传"。
- 所谓掌握度，就是对知识的理解和应用深度，即你只是记住了，还是理解了，抑或是可以用其指导你的行动，甚至对其进行调整和优化。
- 所谓扩散度，就是知识在多大范围内被触及和掌握，即只有你自己了解，还是少数人知晓，或者是公开的资源。

因此，知识的运营也需要以这三个维度为基础来进行设计和实施。

按照上述三个维度，基于实践经验，我认为，个人知识运营有五个环节（见图 10-1）。

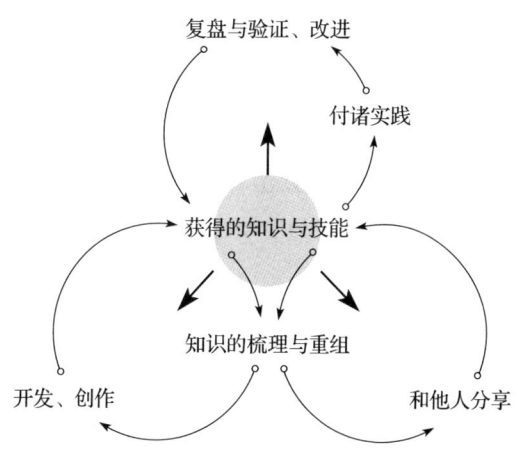

图 10-1　个人知识运营的三个维度、五个环节

1. 知识的梳理与重组

按照个人学习的一般过程（参见第 4 章），已经掌握的知识与技能需要定期进行梳理、重复，以防遗忘。

需要说明的是，为了便于对知识的理解和应用，你不能只是简单地浏览或记忆，而是要用你的语言、方式，对知识进行重新组织（或称为"编码"），比如：

- 你读完一本书之后，可以编写一篇读书笔记、读后感，或者将书中的知识要点整理成思维导图。
- 在你和身边的高手请教或交流之后，你需要及时整理交流要点或现场观察所得。
- 在你参加了一次培训，或者观看了一门在线课程之后，你可以用思维导图等方法，回忆、整理、输出培训内容要点。
- 在你搜索或浏览了一些互联网上的内容之后，你可以将其要点进行整理，输出成简报或提要。

需要说明的是，虽然强化记忆也属于学习的一部分，但用自己的话对获得的知识进行重塑也是一种初级的知识运营，同时也是进行深入开发以及给他人分享的基础。

2. 付诸实践

尽管有些学习是为了获取某些信息，有些则是为了提高有效行动的能力，但是，即便是前者，也有其目的性，比如是为了应付考试、解答某些题目。因此，它们也是与行动紧密相关的，只有极少部分学习可能是随意的、偶发的，没有明确的目的。

从知识运营的角度看，要想把知识真正为我所有，就要能够将其付诸实践。比如，无论是你向某个高手请教了应对某项挑战的对策，还是参加了一次培训，都不能满足于"知道或记住就好了"，而是应该将其应用于自己的实际工作或生活。

一般而言，"知"与"行"之间存在着巨大的鸿沟，在我看来，由知到行意味着知识掌握度的提升。付诸实践是知识运营的关键一步。

3. 复盘与验证、改进

如第 5 章所述，复盘是个人能力提升的必备环节。在将获得的知识付诸实践（"躬行"）之后，要及时进行复盘。通过复盘，可以对自身掌握知识的有效性进行验证，对其中理解不到位的地方进行改进，这样才能"绝知此事"。

从知识运营的角度看，通过复盘，可以输出一些知识成果，如完成某项工作、应对某项挑战、实现某个目标的"锦囊"，或者我发明的"经验萃取单/教训记录单"。⊖

4. 开发、创作

基于对知识的梳理和重组，加上其他相关知识的连接、比

⊖ 邱昭良，王谋. 知识炼金术：知识萃取和运营的艺术与实务［M］. 北京：机械工业出版社，2019.

较,以及行动后复盘的验证与启发,无论是有意识还是无意识,都会产生一些新的洞察或知识。从知识运营的角度看,如果能够主动地让新知识"生发"出来,形成知识成果,有助于"知识森林"的形成和生态演进。这是知识运营最微妙且最关键的一个环节,也是知识掌握度的提升以及编码度的突破。

例如,你可以基于主题阅读,结合你的实践和复盘,就某个主题进行梳理,形成微课,或者专题报告、论文等知识成果。

5.和他人分享

在对知识进行验证、重新表述,并且创作出新知识之后,你可以向他人分享自己已经掌握的知识,比如做主题分享、指导他人、撰写并发表论文、开发微课或培训课程等。

和他人分享一方面有助于知识扩散度的增加,另一方面也有利于知识掌握度的提升。就像俗话所说:教是最好的学习方式,因为"台上一分钟,台下十年功"。对于大多数人来说,要想和他人分享,一定要确保自己深刻地理解了知识,并经过实际检验,确信该知识是有效的。

个人知识运营的方法

对于不同的学习方式,上述五个环节的侧重点也有所差异。因此,在设计自己的知识运营策略时,大家可以灵活组合使用。

第 10 章 知识运营

知识运营的常用方法如表 10-1 所示。

表 10-1 个人知识运营的常用方法

学习策略/方法	知识的整理与重组	付诸实践	复盘与验证、改进	开发、创作	和他人分享
自我求学：总结/反思、预演/谋划、复盘	• 个人总结报告 • 复盘报告	个人改进行动计划	个人复盘报告	• 论文 • 专题报告 • 流程改进建议 • 管理改进建议	主题分享
请教他人：观察模仿、请教/交流、师徒制	• 见习/考察报告 • 心得与收获要点			• 操作规范 • 知识要点提炼	主题分享
网络学习：浏览、搜索、社会化学习、直播、实践社群	• 内容策展 • 文献回顾与梳理 • 知识要点清单或思维导图				专题综述
正式学习：公司内外部的各种培训、在岗培训/结构化在岗培训、学历教育/资质认证、在线课程	• 梳理培训涉及的知识要点清单或思维导图 • 制作知识要点复习卡片 • 整理实用方法的操作步骤	制作实践计划表	实践应用要点	微课程	主题分享
读书学习：休闲式阅读、主题阅读、读书会	• 梳理知识要点清单或思维导图 • 读书笔记	制作实践计划表	实践应用要点	• 论文 • 微课 • 专题报告	主题分享

知识运营的实践误区与对策

虽然知识运营看似简单，但在实践中存在诸多误区，要走出这些误区，克服这些挑战，并不容易。

1. 知识运营的常见误区

根据我的观察，在实践知识运营时，常见的误区有如下四类。

（1）不重视

在现实生活中，很多人不重视知识运营，他们的理由通常是："我工作那么忙，哪有时间去开发知识、写文章……"

在我看来，大家之所以不重视知识运营，主要有两个方面的原因：一是认为学习就等于获取信息，二是认为学习与工作是矛盾的。这都是对学习认识的误区。如上所述，学习的目的是提高人们的有效行动能力，因而，学习与行动是密不可分的，也离不开知识运营。如果没有知识运营，就不可能将信息转化为自身的能力，就无法促进行动效能的改进，学习也就是不完整的。由此可见，从本质上看，学习就是工作的一部分，二者密不可分。

（2）无行动

即便有些人意识到了知识运营的重要性，但在实践中，还是没有实际行动。无论是读了一本书，与专家或高手进行了一次交流，还是参加了一场培训，完成了一门在线课程，或者做了一次复盘，做了就做了，没有后续的行动。

为什么会这样呢？基于我的访谈调查，常见的原因（或者说是"借口"）包括：

- 不知道从哪里入手。
- 不知道如何做。
- 感觉难度大，自己做不到。比如，一谈到写文章、开发课程，甚至给大家做半小时左右的主题分享，很多人都觉得似乎高不可攀。

的确，就像俗话所说：台上一分钟，台下十年功。如果你没有想法、缺乏积累，胸中无墨，自然很难输出、分享。但是，正如荀子所说，"道虽迩，不行不至；事虽小，不为不成"，如果迟迟不动手，也许你已经具备了条件，却依然没有结果。

（3）做不好

虽然知识运营的具体方法并不玄妙高深，但许多人因为不够重视、没有用心琢磨，导致方法不得当，或者能力欠缺，从而效果不佳。

事实上，这会进一步降低人们对知识运营的热情与信心，导致人们做知识运营的动机下降，更加不重视知识运营，实践频次降低，从而陷入一个效果越来越差的恶性循环之中。

当然，从本质上讲，上述恶性循环也是个人知识运营的"成长引擎"（见图10-2），因为一旦你真正重视了知识运营，自然就会用心琢磨，增加实践频次，提高知识运营方法应用的熟练度和有效性，从而增强知识运营的效果。当你尝到了甜头后，会进一步强化信心与兴趣，从而更加重视、更多践行知识运营，走上一个良性循环。

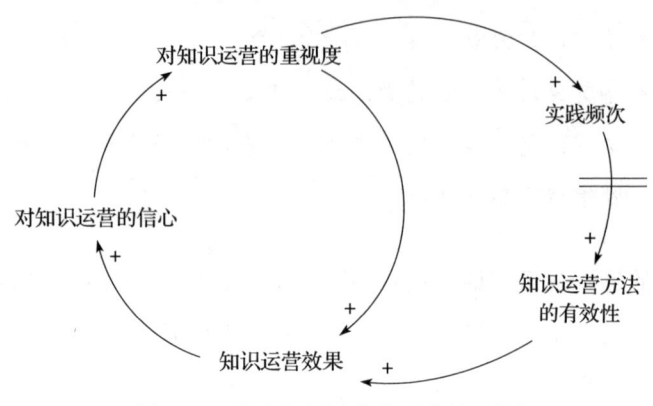

图 10-2　个人知识运营的"成长引擎"

（4）难坚持

由于不重视、无行动、做不好，自然很难坚持。但是，如上所述，如果没办法坚持知识运营，真正的学习就很难发生。

2. 知识运营的关键成功要素

既然存在以上四个挑战，个人在做知识运营时要注意哪些关键要点呢？

基于我的观察与实践，我认为可以参考下列六项建议。

（1）高度重视

要理解知识运营是学习不可分割的一个过程，从思想上高度重视知识运营，并给自己留出足够的时间。这也是做好知识运营以及克服困难、坚持下去、形成习惯的根本动力源泉。

同时，一定要将自己的重视体现在实际行动上，在每一次"学习"活动之后，都要考虑并匹配相应的知识运营措施。

（2）设置好提示信号

即便你从意识上重视了，要真正产生行动，还要设置好提示信号，也就是说，在什么时候或什么情况下，你要做什么知识运营活动。

例如，按照表 10-1，你可以在按计划精读完一本书之后，预先设定好在部门周例会上给小伙伴们做一次主题分享。同样，你在参加完一次培训之后，也预先在日历上标注出何时复习、如何应用、何时复盘、要不要做个分享等。这些都是明确的提示信号。

（3）从小处着手

一上来就做比较复杂、庞大主题的知识开发，难度很大，这有可能导致拖延，也不利于快速见到效果，树立信心。因此，要想让行为发生，可以从难度较小的行动做起。这样难度低，就容易产生行动。所以，一定要循序渐进，在初期切忌贪大图全。

（4）制定明确的目标

如同要从小的行动做起一样，一开始的目标也不能庞大或完美。在现实生活中，我见过太多人因为担心自己做得不够完美，或者试图追求完美，迟迟不敢开始，或者无法完成，没有行动。

如第 3 章所述，一般来说，目标最好明确、具体、可衡量，有挑战性但可实现，并有时间期限。同时，目标也要经常提及，最好能把它们写出来，或者晒（分享）出去，请别人监督自己，也有利于强化行动的动机。

（5）定期复盘

就像第 5 章所说，复盘是形成并提升个体能力的基本途径。知识运营也是如此，要提升自己的知识运营能力，也要及时复盘。如果做得不错，要总结、提炼出适合自己的一般性做法，即便没有完成或者做得不符合自己的预期，也不要灰心或者过分苛责，要冷静、客观地查找原因，调整策略与计划，逐渐摸索出规律。

（6）及时庆祝

如第 8 章所述，要想养成习惯，需要及时庆祝或奖励自己，这样有助于把知识运营和提示信号联系起来，形成一个习惯回路。

思考与练习

1. 要成为领域专家，知识运营是必不可少的一个环节。具体来说，为什么要做知识运营呢？谈谈你的体会。
2. 个人知识运营有哪些维度与环节？
3. 个人知识运营有哪些具体方法？
4. 个人知识运营要注意哪些关键点？
5. 请结合你当前的工作，制订个人知识运营计划。

CHAPTER 11

第 11 章

终身修炼

回首自己一年多以前制定的目标，李天丰感慨万千。经过两年多的努力，李天丰已经成了公司内公认的销售专家，各项工作都得心应手，业绩突出。与此同时，近半年以来，他也指导了几位新入职的同事，他们大都能快速上手，得到了领导的认可。李天丰听说，销售中心准备成立销售五部，领导有意让他担任部门经理。

不管这次能否担任部门经理，但天丰对自己被提拔还是充满了信心。当然，他也知道，从一名从事专业事务的员工（个人贡献者）到带领一个团队的管理者，这是一个巨大的挑战，丝毫不亚于自己当年从售前支持转岗到销售。

到底自己能否胜任？虽然李天丰知道这个问题的答案要靠

自己的努力去书写，中间也肯定会经历很多难以预料的困难与波折，他心里既有些忐忑不安，又充满了期待。他相信，自己从售前支持到销售的华丽转身，并不是凭运气，也不是偶然，这里面有规律、有方法、有诀窍，只要自己能够掌握这些规律、方法与诀窍，就能顺利渡过一个又一个转变的难关。

当然，在这个过程中，少不了智慧、勇气与毅力！

生命之所以如此美丽，不就是因为它充满了各种各样未知的挑战吗？

这是一个终身的修炼！

时刻防范"退化"的风险

按照成为领域专家的"石－沙－土－林"隐喻，虽然我们通过努力，可以从"沙"到"土"，由"土"成"林"，但在这个过程中，任何一个时刻都面临"退化"的风险。

正如"一阴一阳之谓道"，知识基础的构建对于学习本身来说是一把"双刃剑"，因为一方面，知识基础越丰厚，学习能力越强；另一方面，知识基础越丰厚，人们也就容易滋生骄傲自满的情绪或自以为是，认为自己"什么都懂了"，从而导致心智模式趋于僵化或封闭，就像"沙"或"土"又开始板结，形成一层硬壳，退回到了"石头"的状态，削弱了学习力。

同样，森林也有可能遭遇虫灾或山火，甚至因为自身构成的失衡而导致退化、水土流失。就像现在，许多行业会因为颠覆性技术的出现而惨遭淘汰，原有的技能与知识都将变得一文不值。

因此，开放或封闭是一道"分水岭"：保持前者，能让你在知识的海洋中自由地遨游；陷入后者，你就会退化到"非学习者"状态，止步不前，甚至落伍、被淘汰。要想成为一名真正的专家，必须始终保持开放的心态，时时刻刻防范"退化"的风险，这是实践终身学习的基本前提条件。

就像孔子所说："如垤而进，吾与之；如丘而止，吾已矣"。(《荀子·宥坐》)"垤"就是蚂蚁做窝时堆在洞口的小土堆。这句话的意思就是说，你取得的成绩，哪怕只有像蚂蚁洞口的小土堆那样小，但是只要你不断进取，我就赞许你；你取得的成就，哪怕像高山那样大，但是如果你止步不前了，我也不赞许你。从这里我们可以看出，持续精进才是成为真正专家的根基所在。

我们都知道，环境的变化是永无止息的，哪怕你真的已经取得了很高的成就，当前对该领域的知识也都很精通了，但是，只要你不再学习了，你也就不是真正的专家了，因为你已经没有了开放的心态，失去了探索新事物的热情，你的知识库就僵化了，只有存量、没有流入量，一段时间以后，你的绩效也会开始下降（因为你的知识库僵化了，难以应对环境的变化）。因此，真正的专家应该是持续学习、不断精进的，学习永无止境。

事实也的确如此。几乎每一位伟大的艺术家、科学家，一直到晚年甚至去世前，都在探索新的可能，尝试新的风格，永不停歇。比如，虽然人们有时会为爱因斯坦晚年所犯的错误而惋惜，但这恰恰是他追求真理、探索未知、永不停步、不断创新的体现。再如，毕加索一生作品数量高达 4.5 万多件，虽然有自己的特色，但其一生都在探索新的创作风格。已故中国工程院院士、"共和国勋章"获得者袁隆平在年近 90 岁高龄之际，还奔波忙碌在海南杂交水稻育种科研基地，从事自己喜爱、专注一生的杂交水稻育种研究，直到生命最后一刻。我相信你还能举出很多很多类似的例子。

不要待在舒适区，要让自己始终处于成长区

按照心理学家利维·维果茨基（Lev Vygotsky）提出的"最近发展区"（Zone of Proximal Development）理论（见图 11-1），你可以把自己已经熟练掌握的能力列出来，标注出它们之间的相互关联关系，把它们画到一个同心圆中，这就是你的"舒适区"。如果你完成工作任务、解决遇到的问题或挑战所需的经验或技能，刚好落到这个区域，你就会充满信心，感到舒适、开心。

当然，这也是有限度的。如果你已经具备了这些能力，而你的工作职责要求你一直使用这些能力，没有挑战性，慢慢地你也会感到枯燥或无聊。

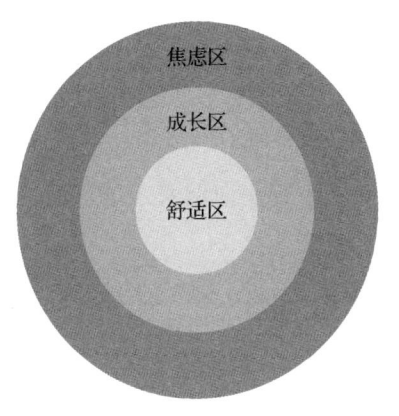

图 11-1 "最近发展区"理论示意图

因此，在我看来，从人性上讲，我们人类并不会一直停留在自己的舒适区，也有走出舒适区，尝试新事物、接受新挑战的冲动。

这时候，如果你遇到的一些问题或工作任务，超出了自己的既有能力范围，但是，通过外部的协助（"支架"或支持、指导）以及自身的努力，你可以发展出新的技能，虽然还不熟练，但已经扩大了你的技能范围，这些新的生长点就是你的"成长区"（中间的同心圆）。之后，通过不断练习和学习，这些新的生长点就成为你可以熟练掌握的技能，从而拓展你的舒适区。这是一个动态的、不断发展变化的过程。

不过，在某些特定情况下，你应对问题或挑战需要的能力与你已经掌握的能力之间跨度太大，完全超出了你的理解或能力范畴，即便是有人协助也无法搞定，这样就会让你产生巨大的压力或焦虑。此时，这些挑战使你处于"焦虑区"（外圈的那个同心圆）。

就像荀子所说："故能小而事大，辟之是犹力之少而任重也，舍粹折无适也。"（《荀子·儒效》）意思是说，能力不大却要干大事，就如同气力很小而偏要去挑重担一样，除了断骨折腰，再没别的下场了。

因此，要把握好一个度，既不能待在自己的舒适区内不思进取，也不能不切实际，步子迈得太大，让自己陷入焦虑之中。在我看来，最好能基于你已经具备的能力，在自己能够接受的最大张力范围内进行拓展。

的确，我们人类最基本的学习方式就是干中学，因此，完成挑战性任务被认为是最好的学习方式。就像任正非所讲：将军不是教出来的，而是打出来的。"小马拉大车"，可能把你压垮，但也有可能让你锻炼出一副好身板。如果你有信心短期内摸索到窍门，或者有资源让自己快速历练出能力，你就应该勇敢地接受甚至去争取、创造挑战性任务。但是，如果不具备条件，也不要心太大，试图"一口吃个胖子"。

事实上，"最近发展区"理论和心理学家米哈里·契克森米哈赖（Mihaly Csikszentmihalyi）提出的"心流"理论也是一致的。在契克森米哈赖看来，我们之所以干一些事情时会有全神贯注、废寝忘食、"三月不知肉味"的心流体验，原因包括如下几方面：① 你喜欢它们，有强烈的意义感和清晰的目标；② 你能及时得到反馈，感受到进展；③ 任务的难度与你的能力是匹配的，而且二者恰当地协调起来，动态演进（见图 11-2）。也

第 11 章　终身修炼

就是说，如果完成任务所需的难度超出了你的能力，你搞不定这项任务，就会产生焦虑感，如果任务的难度低于你的能力，你也会感到枯燥、无聊或厌烦，只有在满足这三个条件的情况下，我们才会进入心流区。

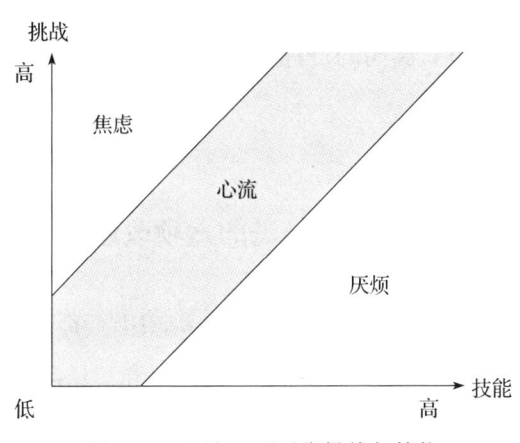

图 11-2　心流区要平衡挑战与技能

因此，就像英国作家威廉·萨默塞特·毛姆（William Somerset Maugham）所说：只有平庸的人，才总是处于自己的最佳状态。当你通过学习，在某一个领域具备了一定的能力积累之后，如果没有焦虑，一直陶醉于"自己很胜任当前工作"的美好感觉之中，觉得自己处于"最佳状态"时，可能并非好事，因为这可能意味着：① 你处于自己的舒适区中，并没有学习发生（而你周围的环境一直在变化）；② 你没有走出舒适区去挑战的动机，觉得保持这样的状态就很好了，这必然意味着你有"退化"的风险；③ 你可能没有更高的目标去追求，这意味着你难以有持续的发展；④ 你的任务和能力均没有显著变化（因为如果任务发生了显著变化，而能力变化相对缓慢，你就必然会感觉到焦虑或厌烦）。综上所述，当你总是觉得自己处于最佳状态时，你已经变得平庸了。

相反，处于持续精进状态中的人，不会一直让自己待在舒适区中，他会树立更高的目标，去探索新的可能，不断发展自己的能力。

实现持续精进的六项改进

在我看来，要养成并提升任何一项能力，都需要经历一个过程，其中包括"真知""会做""笃行"和"复盘"四个阶段，它们构成了一个闭合的回路（见图 11-3）。通过复盘，可以促进对事物的真正理解，锻炼与提升能力，改进做事的方法，从而促进更好地行动。这就是持续精进的循环。

图 11-3 持续精进的循环

第 11 章 终身修炼

因此，要想实现持续精进，你需要真正理解学习的内在机理和一般性规律，并且认识自己的学习（"真知"），同时要掌握相应的方法（"会做"），尤其是适合自己的学习方法。然后，按照既定的策略与计划，坚定地行动（"笃行"），努力去改变现状，实现自己的目标。接下来，不管目标是否达成，都要进行认真的"复盘"。

通过复盘，要考虑如下六个方面的改进，这样可以更加有效地推动持续精进的循环。

1. 不忘初心，维持动机

虽然按照 B.J. 福格的观点，从具体行为的改变上看，动机并不是最重要的，但无论是短期行为还是长期习惯，动机都是不可或缺的，尤其是每个人发自内心渴望实现的愿景所生发出的内在动机，更是克服艰难险阻、实现持续精进的内驱力。

根据心理学家爱德华·德西（Edward Deci）和理查德·瑞安（Richard Ryan）提出的"自我决定论"（self-determination theory），大量研究表明，当人们受内在动机驱动时，学习的持续时间更长，对主题的理解更深入，也记得更清楚、更长久。所谓内在动机，指的是每个人做出选择是由自己的内心因素所驱动的，包括喜爱、成就感等；所谓外部动机，是指个人做出选择主要是受外部因素所驱动，比如考试分数、奖励、他人的认可或期望等。因此，正如苹果公司教育副总裁约翰·库奇所说：调动孩子的内在动机，使其主动学习，是教育的终极目标，也是最困难的事情。把这一结论应用到我们自身的学习上,也是有意义的。

在我看来,只有激活并维持自身的内在动机,才能走得更远。在遇到困难或挫折时,内在动机也是克服困难、开创新局最强大的力量。

就像第 3 章所述,源自内心深处的热爱、真心渴望实现的未来愿景以及长远目标,会产生巨大的激励作用。在困难、挫折甚至失败面前,把眼光放得更为长远,也就不在意一城一池的得失了。

因此,在复盘时,要不忘初心,想一想自己真正想要的是什么,尤其是自己的愿景与长远目标。它们就像北斗星一样,可以在漫漫长夜中,指引我们找到前进的方向,或者在重大抉择面前,做出睿智的选择。

2. 刷新目标与策略

在我看来,目标与策略就是愿景与行动之间的桥梁。在复盘时,要对照预先设定的目标,看看哪些完成了、哪些没有完成,然后对其中的重要差异进行深入分析、反思,发现根因。在这个过程中,从逻辑上讲,之所以存在差异,一个绕不开的原因可能就是标准(也就是目标本身)是否合适。

所以,在复盘时,要对目标体系是否完整、有效,每一个目标的预期值是否科学、合理进行反思、推敲,并对实现目标的策略进行梳理,看看有没有改善的空间。

3. 更新学习内容

刷新目标与策略之后,在对个人发展历程进行复盘时,还要就学习内容进行梳理、优化。也就是说,结合自己的目标与实现目标的策略,找到阻碍目标实现的关键障碍,看看自己还有哪些能力需要提升,还存在哪些短板或不足,然后进行有针对性的学习,就是"缺啥补啥"。事实上,按照埃里克森等人的研究,炼成高手的"刻意练习"不同于一般人的简单重复,他们会专注于改善整体表现中某个非常具体的弱点,制定明确的改进目标,然后通过全神贯注地投入和努力去实现它。如果在这个过程中能够得到专业教练的指导,学习可以更为高效。

就像世界上没有两片完全相同的叶子一样,每个人都是独一无二的,每个人的学习也是个性化的,并且始终处于动态变化之中,要定期复盘,参照"刻意练习"的原则,确定自己下一阶段的学习需求。

4. 改进学习方法

除了学习具体的内容,在复盘时,特别重要的是改进自己的学习方法,也就是说,要学会如何学习。这样就可以更快、更好地学习你要学的内容。

具体来说,包括但不限于:

- 搞清楚自己的学习风格和擅长的学习方法。

- 弄明白哪些学习内容适合用什么样的方法。
- 在对自己来说最重要或最有价值的学习方法上，有哪些值得改进之处。

对于个人发展来说，学会如何学习，对自己的学习进行优化，对自己的思维与行为进行反思、改进，是一项"元能力"，也就是发展能力的能力。

面对复杂多变的环境，你要学习的东西现在甚至还没有出现，因此，掌握并提升自己的"元能力"，就是以不变应万变的不二法门。

5. 升级心智

如第 2 章所述，心智模式是个人学习最为基础性的影响因素。通过深入地复盘，可以找出自己存在哪些根深蒂固的信念、规则与假设，觉察到自己下意识或无意识的行为模式，实现心智的升级。这样有助于实现深层次的变革。

这是一个微妙、漫长且持续的过程。

6. 改变所在的生活 / 工作系统结构

按照系统思考的基本特性"结构影响行为"，当人们处于某一特定结构的系统之中时，即便是非常不同的个体，也会发展出类似或相同的行为模式。比如，在《荀子·君道》中，荀子提到的"楚王好细腰，故朝有饿人"，就是这一原理的典型案例。因为楚王喜欢细腰的人,他的臣下、嫔妃都努力节食,甚至吸着气扎紧腰带。时间一长,朝堂上的大臣、宫里的嫔妃大多饿得面黄肌瘦。

在这个案例中,领导的喜好就是一个结构性因素,它会影响下属的行为。领导有什么样的偏好,下属就会想方设法、克服困难,产生相应的行为。

其实,在我们每个人的工作、生活中,不是到处存在着这样的结构性因素吗?

当然,对于大多数人来说,如果不具备系统思考的智慧,不进行深入的反思,根本意识不到这些影响甚至是决定我们行为的底层系统结构,更不要说去改变系统结构了。但是,如果这样的话,不管我们如何努力尝试去做一些改变,效果总是不佳,甚至会回到我们并不想要的原状。

因此,在我看来,通过复盘,如果能够浮现并改善我们所处的生活与工作系统结构,就能取得根本性的改变。

培养并保持坚韧

学习与成长不会一蹴而就,也不会一帆风顺,肯定会遇到各种各样的困难。在现实生活中,我见过不少年轻人,一开始豪情万丈,积极性很高、很努力,但现实往往是残酷的,努力未必就能马上见到效果,而且要学习新技能,也必然要走出自己的"舒适区",让自己感觉有压力,因此,有人就懈怠了，开始"躺平"、混日子（这样的人只有"三分钟热度"）；有人会咬牙坚持一段时间，如果有进展，他们可能就会走上"成功的循环"（参见第2章）；如果遇到了困难，或者进展未达自己的预期，一些人就会灰心丧气、一蹶不振，或者知难而退、绕道而行。就像那则流传很广的故事所讲的：在一个地方挖了几下，没有挖到水，就放弃了，到另外一个地方再挖几下……如果是这样的话，即便底下有水，你可能也挖不到水。

因此，在我看来，要想挖到水（"获得成功"或"有所成就"），一定要选一个底下有水的地方（可以取得一番成就的"专注的领域"），坚信你可以挖到水（"热情"），然后坚持挖下去（"毅力"）。在挖的过程中，难免会吃土、费力，甚至觉得枯燥，但是不要放弃，因为如果遇到困难就退缩不前，肯定无法取得长期持续的成功。

就像心理学家安杰拉·达克沃思（Angela Duckworth）基于对美国常青藤学校在校大学生、西点军校学生以及全美拼字大赛选手的研究所表明的那样，对于预测长期成功，智商和其他标准化测试并非最佳指标。坚毅最能预测一个人未来是否成功。所谓坚毅，是指一个人坚持不懈地追求长期目标的能力。在她看来，天赋 × 努力 = 技能，技能 × 努力 = 成就。也就是说，无论是能力的养成，还是要取得成就，不仅需要天赋，更需要持之以恒、集中精力地付出努力，为此，离不开热情与毅力。这就是她所定义的"坚毅"。简言之，坚毅 = 热情 ×

毅力。[一]

当然，要是你挖的地点下方根本就没有水，或者是遇到了很厚、很坚硬的岩层，也不要在一棵树上吊死。如果方向不正确，只是一味地坚持，也难有成就。因此，在坚持挖下去之前，要认真选择；在挖的过程中，要定期复盘，看是否有进展，有没有见到水的迹象，这不仅可以给自己及时提供反馈，增强信心，也可以调整挖的策略与方法。如果确实发现遇到了岩层，努力了几次，以你现在的资源无法取得突破，要及时进行战略性调整。

由于每个人的生命都是有限的，因而，最好少做重大或根本性的战略调整。为此，你需要审慎地厘清个人的使命与愿景，确定长远的大目标。之后，保持专注和坚韧，付出努力。这样才有可能成为高成就者。

活在持续精进的状态

如上所述，通过知识炼金术把自己炼成领域专家，是一个终身学习、持续精进的过程。那么，这个过程有没有终点呢？

我在研读《荀子》的过程中发现了两个答案。一种回答是：终身学习就是活到老、学到老，只要生命不息，学习就不

[一] 达克沃思. 坚毅：释放激情与坚持的力量［M］. 北京：中信出版社，2017.

能停止。就像荀子所说:"君子曰:学不可以已……学至乎没而后止也。""学恶乎始?恶乎终?曰:其数则始乎诵经,终乎读礼;其义则始乎为士,终乎为圣人。真积力久则入。学至乎没而后止也。故学数有终,若其义则不可须臾舍也。为之人也,舍之禽兽也。"(《荀子·劝学》)事实上,这一观点贯穿《荀子》全书。

另外一种回答是:"礼者、法之大分,类之纲纪也。故学至乎礼而止矣。"(《荀子·劝学》)也就是说,学习到掌握了"礼",才算达到尽头了。这个"礼"通"道理"的"理",是宇宙万物的底层规律,是指导人类行为规范的"大道",是我们应对万物的准则与纲要。而真正掌握这个"礼"的就是"圣王",就像荀子所说:"辨莫大于分,分莫大于礼,礼莫大于圣王。"(《荀子·非相》)那么,"圣王"是个什么样子呢?《荀子·解蔽》中指出:"故学也者,固学止之也。恶乎止之?曰:止诸至足。曷谓至足?曰:圣王。圣也者,尽伦者也;王也者,尽制者也;两尽者,足以为天下极矣。"也就是说,学习本来就要有个范围。那么,这个范围在哪里呢?回答说:范围就是要达到最圆满的境界。什么叫作最圆满的境界呢?回答说:就是通晓圣王之道。"圣"就是完全精通事理的人,"王"就是彻底精通制度的人,"圣王"就是在这两个方面都达到了精通境界的人,他们是天下最高的表率。因此,在荀子看来,你要通过学习修炼成为君子,最高境界就是成为"圣王"。

当然,在我看来,这两个答案是一致的,因为成为"圣王"

太难了，对于我们每个人来说，穷其一生，恐怕也难以企及。即便有人真的成为"圣王"了，他也是终身学习的，没有停止学习的那一天。

因此，在我看来，无论是走在成为领域专家的道路上，还是已经达到了那个境界，都要活在持续精进的状态之中。只有靠着持续精进，我们才能成为领域专家；只有活在持续精进的状态，我们才能一直是名副其实的专家。

这个状态，在2300多年前被荀子用一个字来概括，那就是"积"。

在荀子的思想中，要想修炼成为君子（乃至最高境界"圣王"），靠的就是"积"。他说："积土成山，风雨兴焉；积水成渊，蛟龙生焉；积善成德，而神明自得，圣心备焉。"（《荀子·劝学》）"故积土而为山，积水而为海，旦暮积谓之岁，至高谓之天，至下谓之地，宇中六指谓之极。涂之人百姓，积善而全尽，谓之圣人。彼求之而后得，为之而后成，积之而后高，尽之而后圣。故圣人也者，人之所积也。人积耨耕而为农夫，积斲削而为工匠，积反货而为商贾，积礼义而为君子。工匠之子莫不继事，而都国之民安习其服，居楚而楚，居越而越，居夏而夏。是非天性也，积靡使然也。"（《荀子·儒效》）

意思就是说，土石累积起来就能形成高山，水流汇聚、累积起来就能形成江海，日子一天天累积起来就是岁月……同样，普通人只要能够持续不断地积累善行、修炼自己的德行与能力，也可以成为君子，如果能够达到穷尽的境界，就是圣人。圣人是普通人靠着日积月累地"积"修炼而成的。

我们这本书探讨的就是"积"的智慧与方法。

这个状态，在30年前，被年轻的管理学大师彼得·圣吉用一个词来概括，那就是"自我超越"（personal mastery）。

在《第五项修炼：学习型组织的艺术与实践》一书中，彼得·圣吉指出，要想把一家组织变成学习型组织，以更快、更好地实现自己想要的未来，需要整合应用五项技术：从组织成员个体层面上看，需要我们实现自我超越（personal mastery）[一]，改善心智模式（mental models），学会系统思考（systems thinking）；从团队和集体层面上，需要激发团队学习（team learning），塑造共同愿景（shared vision）。其中，"自我超越"这项修炼的精髓就在于每个人都要能够找到自己生命的意义（使命和愿景），集中精力去实现自己想要创造的目标，并不断提高自己的目标，实现持续精进。从本质上看，这就是我在本书中探讨的成为并保持"领域专家"的过程。

古今中外，大道相通，只有理解并能熟练地应用这些底层规律及其具体方法，并灵活变通，才能成就自己心仪的功业，活出生命的意义。

[一] 在我看来，"自我超越"这个翻译并不精准，因为按照彼得·圣吉描述的状态，它是一种生存状态，并不是一两次"超越自我"的过程，因此，译为"个人持续精进"可能更为精准。

第 11 章　终身修炼

思考与练习

1. 反思一下自己是否有"退化"的风险。
2. 参考"最近发展区"理论，梳理一下自己已经熟练掌握的技能，再想一想自己现在工作所需的技能，反思一下：你是否处于"舒适区"？应该如何做，才能让自己处于"成长区"？
3. 基于自己的学习成长计划，在适当的时间做一次较长时间跨度的复盘（如一年或最近几年），参照本章所讲的"六项改进"，反思一下：你需要在哪些方面进行改进？
4. 在复盘时，对于所遇到的困难，想一想你是如何应对它们的？如果你成功克服了困难，原因是什么（是热情还是毅力）？如果没有，原因又是什么？你应该如何提升自己的坚韧力？
5. 对照"持续精进"的状态，反思一下你是否处于这一境界？如果不是，原因是什么？你应该如何改进？如果是，恭喜你，保持住这种状态！

致 谢

任何一本书都是作者和一系列志同道合者共同努力的结果，本书也不例外。因此，面对本书，我要对大家表示感谢。

首先，感谢中国银联支付学院原院长付伟和上海的孙小小同学，在10年之前和他们的一次交流中，我提出了本书的底层框架——成为领域专家的"石－沙－土－林"隐喻。它就像当初种下的一粒种子，如今长成了一棵小树。

其实，在当时这一框架并非凭空而来，它不仅是对我个人成长历程的总结、提炼，也是基于我对个人学习与成长内在机理的思索心得。对此，感谢我所有的师长、同学和亲友，从他们身上我学到了很多，尤其是我的硕士生导师——南开大学商学院的缔造者、中国管理学的开拓者之一陈炳富教授，正是在他的指导下，我找到了自己心仪的研究领域——组织学习与学习型组织；我的博士生导师——全国人大常委会原副委员长成思危、南开大学商学院原院长李维安教授，我的博士论文审阅人彼得·圣吉教授，对于我在组织学习领域的学习与成长给予

致 谢

了巨大帮助。正是得益于他们的严格要求和悉心指导，我才有机会在这个领域深入钻研，系统学习，并有所建树。

在 10 年多的时间里，我深入地钻研、实践，推广复盘、系统思考、知识炼金术，以及在线学习、移动学习、企业大学建设等，虽然这些技术或方法主要面向企业和各级管理者，但是，它们也是我们每个人必备的核心技能。本书也凝聚了我在上述主题上的研究成果与实践心得。为此，感谢我在联想、万达学院、时代光华、捷库工作期间的领导和同事，感谢我所有的客户，你们不仅给了我信任与支持，让我有知识运营的机会，而且给了我很多启发与反馈。

感谢清华大学经济管理学院陈劲教授、北京大学光华管理学院董小英教授、南开大学商学院院长白长虹教授、《培训》杂志副主编常亚红先生、CSTD 中国人才发展平台创始人熊俊彬先生、中国银联支付学院原院长付伟先生，他们不仅是各个领域的专家，也是我多年的良师益友，一直给予我无私的厚爱与支持，感谢他们预览本书，并撰写了热情洋溢的赞誉。

感谢我的长期工作伙伴、北京学而管理咨询有限公司的崔玲老师，不仅在本书撰写过程中提供了宝贵意见，还审校了全书；感谢王谋先生，我们曾一起工作并合著了《知识炼金术：知识萃取和运营的艺术与实务》。同时，感谢机械工业出版社的编辑，对他们专业、严谨、细致的工作谨致敬意！

虽然本书是本人的创作成果，但古今中外，大道相通，本书吸收、借鉴了大量前人的研究成果，虽已注明出处，但我仍要对他们的洞见和创造致以谢意,愿本书也能像前人的研究成果一样,成为读者和后来人进步、成长与成功的阶梯。

  尽管本书经过两年多的写作、多次修改,但限于作者水平,肯定仍有缺陷或错误,对此,本人负有全部责任,也欢迎读者朋友批评指正。

参考文献

［1］ 邱昭良，王谋. 知识炼金术：知识萃取和运营的艺术与实务［M］. 北京：机械工业出版社，2019.

［2］ 邱昭良. 复盘＋：把经验转化为能力［M］. 3版. 北京：机械工业出版社，2018.

［3］ 邱昭良. 如何系统思考［M］. 2版. 北京：机械工业出版社，2020.

［4］ 王先谦. 荀子集解［M］. 北京：中华书局，2013.

［5］ 圣吉. 第五项修炼：学习型组织的艺术与实践（修订版）［M］. 张成林，译. 北京：中信出版社，2009.

［6］ 雷. 最高目标：领导者如何从优秀到卓越［M］. 廉莉莉，译. 北京：新华出版社，2005.

［7］ 贝格. 领导者的意识进化：迈向复杂世界的心智成长［M］. 陈颖坚，译. 北京：北京师范大学出版社，2017.

［8］ 福格 B J. 福格行为模型［M］. 徐毅，译. 天津：天津科技出版社，2021.

［9］ 达利欧. 原则［M］. 刘波，綦相，译. 北京：中信出版社，2018.

［10］ 梅迪纳. 让大脑自由：释放天赋的12条定律［M］. 杨光，冯立岩，译. 北京：中国人民大学出版社，2009.

［11］ 德韦克. 终身成长：重新定义成功的思维模式［M］. 楚祎楠，译. 南昌：江西人民出版社，2017.

[12] 艾利克森,普尔. 刻意练习:如何从新手到大师[M]. 王正林,译. 北京:机械工业出版社,2016.

[13] 达克沃思. 坚毅:释放激情与坚持的力量[M]. 安妮,译. 北京:中信出版社,2017.

一、继续学习资源

1."CKO 学习型组织网"微信公众号

扫描二维码,关注"CKO 学习型组织网",可获取"知识炼金术"相应学习资料。

这是邱昭良博士的自媒体,专注于"思考·学习·技术",主要刊发邱博士在系统思考、组织学习以及知识炼金术等主题上的原创文章及动态。

你在学习知识炼金术的过程中,有任何问题,均可通过本公众号与邱博士互动。

2. 邱博开讲

欢迎访问邱昭良博士的知识店铺,选购与组织学习、系统思考、知识炼金术等主题相关的在线学习产品,包括我在本书中多处引用的荀子的智慧，你可在"跟着邱博读荀子"系列在线课程中深入学习、体会。

3. 邱博说

扫描二维码，关注邱昭良博士视频号，观看系列专业短视频，即时与邱博士互动交流。

4. 中国学习型组织网

网址：http://www.cko.cn

中国学习型组织网是一个开放的、基于互联网的、非营利性实践社群，始创于 1998 年。它的宗旨是致力于推动学习型组织在中国的研究与实践，愿景是成为组织学习以及知识管理研究与实践领域最知名、最有活力的专业社群。它旗下的中国学习型组织网设有文库、专栏等栏目，有大量组织学习、个人发展等方面的学习资料。

二、精品版权课程

为了更快地系统掌握知识炼金士必备的核心技能，如果有条件，建议你考虑参加下列精品培训课程：

（1）"复盘：把经验转化为能力"（版权登记号：国作登字-2016-L-00259227）

（2）"系统思考应用实务"（版权登记号：国作登字-2016-L-00319837）

（3）"知识炼金术：知识萃取与运营的艺术与实务"（版权课程登记证书编号：国作登字-2020-L-01024281）

（4）"系统创新八步法"（版权课程登记证书编号：国作登字-2020-L-01164358）

（5）"玩转微课——企业微课创新设计与快速开发"（版权登记号：国作登字-2017-L-00388779）

欲索取课程简章或咨询更多信息，欢迎垂询：
邮件：info@cko.com.cn

最新版

"日本经营之圣"稻盛和夫经营学系列

任正非、张瑞敏、孙正义、俞敏洪、陈春花、杨国安　联袂推荐

序号	书号	书名	作者
1	9787111635574	干法	【日】稻盛和夫
2	9787111590095	干法（口袋版）	【日】稻盛和夫
3	9787111599531	干法（图解版）	【日】稻盛和夫
4	9787111498247	干法（精装）	【日】稻盛和夫
5	9787111470250	领导者的资质	【日】稻盛和夫
6	9787111634386	领导者的资质（口袋版）	【日】稻盛和夫
7	9787111502197	阿米巴经营（实战篇）	【日】森田直行
8	9787111489146	调动员工积极性的七个关键	【日】稻盛和夫
9	9787111546382	敬天爱人：从零开始的挑战	【日】稻盛和夫
10	9787111542964	匠人匠心：愚直的坚持	【日】稻盛和夫 山中伸弥
11	9787111572121	稻盛和夫谈经营：创造高收益与商业拓展	【日】稻盛和夫
12	9787111572138	稻盛和夫谈经营：人才培养与企业传承	【日】稻盛和夫
13	9787111590934	稻盛和夫经营学	【日】稻盛和夫
14	9787111631576	稻盛和夫经营学（口袋版）	【日】稻盛和夫
15	9787111596363	稻盛和夫哲学精要	【日】稻盛和夫
16	9787111593034	稻盛哲学为什么激励人：擅用脑科学，带出好团队	【日】岩崎一郎
17	9787111510215	拯救人类的哲学	【日】稻盛和夫 梅原猛
18	9787111642619	六项精进实践	【日】村田忠嗣
19	9787111616856	经营十二条实践	【日】村田忠嗣
20	9787111679622	会计七原则实践	【日】村田忠嗣
21	9787111666547	信任员工：用爱经营，构筑信赖的伙伴关系	【日】宫田博文
22	9787111639992	与万物共生：低碳社会的发展观	【日】稻盛和夫
23	9787111660767	与自然和谐：低碳社会的环境观	【日】稻盛和夫
24	9787111705710	稻盛和夫如是说	【日】稻盛和夫

推荐阅读

读懂未来前沿趋势

一本书读懂碳中和
安永碳中和课题组 著
ISBN：978-7-111-68834-1

双重冲击：大国博弈的未来与未来的世界经济
李晓 著
ISBN：978-7-111-70154-5

一本书读懂 ESG
安永 ESG 课题组 著
ISBN：978-7-111-75390-2

数字化转型路线图：智能商业实操手册
[美] 托尼·萨尔德哈（Tony Saldanha）
ISBN：978-7-111-67907-3